U0244874

走进大学
DISCOVER UNIVERSITY

什么是纺织❓

WHAT
IS
TEXTILE?

郑来久　主编

大连理工大学出版社
Dalian University of Technology Press

图书在版编目（CIP）数据

什么是纺织？/ 郑来久主编. -- 大连：大连理工
大学出版社，2021.9（2024.6重印）
ISBN 978-7-5685-3012-5

Ⅰ．①什… Ⅱ．①郑… Ⅲ．①纺织－普及读物 Ⅳ．
①TS1-49

中国版本图书馆 CIP 数据核字（2021）第 074588 号

什么是纺织？　SHENME SHI FANGZHI?

————————————————————————

策划编辑：苏克治
责任编辑：王晓历　董歆菲
责任校对：陈　玫　邵　青
封面设计：奇景创意

————————————————————————

出版发行：大连理工大学出版社
　　　　　（地址：大连市软件园路 80 号，邮编：116023）
电　　话：0411-84708842（发行）
　　　　　0411-84708943（邮购）　0411-84701466（传真）
邮　　箱：dutp@dutp.cn
网　　址：https://www.dutp.cn

————————————————————————

印　　刷：辽宁新华印务有限公司
幅面尺寸：139mm×210mm
印　　张：5.5
字　　数：90 千字
版　　次：2021 年 9 月第 1 版
印　　次：2024 年 6 月第 2 次印刷
书　　号：ISBN 978-7-5685-3012-5
定　　价：39.80 元

————————————————————————

本书如有印装质量问题，请与我社发行部联系更换。

出版者序

高考,一年一季,如期而至,举国关注,牵动万家!这里面有莘莘学子的努力拼搏,万千父母的望子成龙,授业恩师的佳音静候。怎么报考,如何选择大学和专业?如愿,学爱结合;或者,带着疑惑,步入大学继续寻找答案。

大学由不同的学科聚合组成,并根据各个学科研究方向的差异,汇聚不同专业的学界英才,具有教书育人、科学研究、服务社会、文化传承等职能。当然,这项探索科学、挑战未知、启迪智慧的事业也期盼无数青年人的加入,吸引着社会各界的关注。

在我国,高中毕业生大都通过高考、双向选择,进入大学的不同专业学习,在校园里开阔眼界,增长知识,提升能力，升华境界。而如何更好地了解大学，认识专业，明晰人生选择，是一个很现实的问题。

为此，我们在社会各界的大力支持下，延请一批由院士领衔、在知名大学工作多年的老师，与我们共同策划、组织编写了"走进大学"丛书。这些老师以科学的角度、专业的眼光、深入浅出的语言，系统化、全景式地阐释和解读了不同学科的学术内涵、专业特点，以及将来的发展方向和社会需求。希望能够以此帮助准备进入大学的同学，让他们满怀信心地再次起航，踏上新的、更高一级的求学之路。同时也为一向关心大学学科建设、关心高教事业发展的读者朋友搭建一个全面涉猎、深入了解的平台。

我们把"走进大学"丛书推荐给大家。

一是即将走进大学，但在专业选择上尚存困惑的高中生朋友。如何选择大学和专业从来都是热门话题，市场上、网络上的各种论述和信息，有些碎片化，有些鸡汤式，难免流于片面，甚至带有功利色彩，真正专业的介绍文字尚不多见。本丛书的作者来自高校一线，他们给出的专业画像具有权威性，可以更好地为大家服务。

二是已经进入大学学习，但对专业尚未形成系统认知的同学。大学的学习是从基础课开始，逐步转入专业基础课和专业课的。在此过程中，同学对所学专业将逐步加深认识，也可能会伴有一些疑惑甚至苦恼。目前很多大学开设了相关专业的导论课，一般需要一个学期完成，再加上面临的学业规划，例如考研、转专业、辅修某个专业等，都需要对相关专业既有宏观了解又有微观检视。本丛书便于系统地识读专业，有助于针对性更强地规划学习目标。

三是关心大学学科建设、专业发展的读者。他们也许是大学生朋友的亲朋好友，也许是由于某种原因错过心仪大学或者喜爱专业的中老年人。本丛书文风简朴，语言通俗，必将是大家系统了解大学各专业的一个好的选择。

坚持正确的出版导向，多出好的作品，尊重、引导和帮助读者是出版者义不容辞的责任。大连理工大学出版社在做好相关出版服务的基础上，努力拉近高校学者与读者间的距离，尤其在服务一流大学建设的征程中，我们深刻地认识到，大学出版社一定要组织优秀的作者队伍，用心打造培根铸魂、启智增慧的精品出版物，倾尽心力，服务青年学子,服务社会。

"走进大学"丛书是一次大胆的尝试,也是一个有意义的起点。我们将不断努力,砥砺前行,为美好的明天真挚地付出。希望得到读者朋友的理解和支持。

谢谢大家!

2021 年春于大连

序

"十三五"以来，我国纺织工业逐步由生产要素和投资驱动转为创新驱动，由传统的劳动密集型生产方式向"科技、时尚、绿色"智慧型转变。早在2016年，《纺织工业发展规划（2016—2020年）》就对我国纺织工业给出了明确的定位和属性定义，即传统支柱产业、重要民生产业和创造国际化新优势产业。今年是"十四五"开局之年，中国纺织工业已经进入具有世界竞争优势的先进制造业行列，在"数字化、信息化、网络化和智能化"的技术革命推动下，中国纺织工业正大踏步走在全面健康可持续的发展道路上。

纺织作为一个多学科交叉兼容的行业，除了服装服饰创造的健康之美外，还为我国科技之美插上翅膀，如航空航天纺织产品——"神舟号"飞船三维立体纺织关键部件增强骨架材料，探月工程飘扬的五星红旗，"蛟龙"号的内饰材料；再如溢达自动缝纫技术，康平纳筒子纱自动染色技术，庄吉服装柔性生产技术，五洋纺机的远程诊断和维护技术，以及大连工业大学超临界二氧化碳流体无水染色技术等。纺织科技渗透在我们的日常生活中，应用于特种防护用、医疗用纺织产品中，以及编织、织造、设计技艺纺织品等方方面面。纺织行业日新月异的变化让世人瞩目，也是中国制造业从跟跑到领跑的行业典型。从历史的眼光看，我国纺织行业不仅具有博大精深的产业底蕴和生动优美的时尚展现，还具有高科技和多元化的后发优势。纺织行业科学的发展和技术的进步必将远远超出我们的想象，给我们带来更多的收获和惊喜。

依托纺织科学与工程学科的特色与优势，老师们编写了这本《什么是纺织？》，通俗易懂地叙述了纺织的发展历程，系统介绍了从纺织材料到纺织各工序的基本加工过程，总结了我国纺织专业的基本概况，注重科普性、趣味性和可读性，可以为即将走进大学或已经走进大学的学生，也可以为非专业类纺织爱好者以及纺织行业广大从业人员提供内容参考。

中国纺织工程学会理事长

伏广伟

2021 年 9 月

前　言

　　"衣、食、住、行"是人类生存的基本需求,纺织材料与社会时尚、产品制造、消费、贸易交相辉映,满足着人类生存的基本需求,美化着人们的生活和心灵,装扮着整个世界,也改变和创造着人类文明。纺织作为我国国民经济中的支柱产业,在中国社会"全面小康"建设中,担负着实现人们丰衣足食以及"美衣美居"美丽中国梦的历史使命。目前,我国拥有世界规模最大、产业链最为完整和独立的纺织工业体系,建成了全球最大的纺织服装中间品市场和零售市场,纺织产业链从门类品种、产出品质,到生产效率、自主工艺技术装备等方面,普遍达到国际先进或领先水平,顺利地完成"纺织大国崛起",形成了"衣被天下"的新局面。

　　现代纺织随着石油化工、高分子科学、电子信息、生物工程等新技术的迅速发展正不断被重新定义。当前，纺织工业正在酝酿一场纤维革命，试图赋予纤维感知和信息处理功能，使传统织物拥有生命和智能。未来，纤维和纱线将与集成电路、LED、太阳能电池和其他设备与先进材料集成在一起，制造可看、听、感知、通信、存储能源、调节温度、监测健康、改变颜色等功能的纤维与织物；改性后的纺织品将作为一种载体，把物理世界、人体世界和虚拟世界连接起来。

利用不同的纤维原料，生产出千变万化、满足社会需求的各类纺织材料是纺织工作者永远的研究课题，有很多有趣和值得探索的奥秘。本书立足当前纺织技术发展，按简明扼要、直观易懂的要求，介绍了纺织发展史、纺织工艺过程、纺织科技发展、纺织专业概况及人才培养等相关内容，使读者了解纺织、喜爱纺织、投身纺织、扎根纺织，为建设"科技、绿色、时尚"的纺织强国贡献力量。

本书由郑来久主编，赵玉萍、郑环达、吕丽华、魏菊、王迎、魏春艳、李红、钱永芳、王晓、赵虹娟、闫俊、熊小庆、董媛媛、王秋红、王滢、高原、周兴海、廖永平、白洁、叶方、杜冰、陈茹参与了书稿的编写工作。全书由郑环达统稿，郑来久最终审阅并定稿。

在编写本书的过程中，编者得到了中国纺织工程学会有关领导的关心和支持。本书作为中国纺织工程学会科普系列丛书之一，可供纺织服装行业技术人员阅读和参考。

由于编者水平有限，书中难免有疏漏和错误之处，欢迎广大师生和读者批评指正，以便我们及时修订改正。

编　者
2021 年 9 月

目　录

纺织纵横：纺织的过去、现在与未来

但见巨龙呼啸过，丝霞万匹映天红。

——《七绝·丝绸之路》

▶▶纺织发展历程——纺织上下五千年

"衣、食、住、行"是人类生存的基本需求，纺织材料（纺织品）与社会时尚、产品制造、消费、贸易紧密联系，满足着人类生存的基本需要，美化着人们的生活，装扮着整个世界，也改变和创造着人类文明。

➡➡何谓纺织？

纺织是一项为人们提供物质产品的生产活动。狭义的纺织指纺纱和织布；广义的纺织（大纺织）则包括化学纤维生产、原料初加工、缫丝、针织、印染整理,以及最终的衣装和各类产业纺织品的生产。

纺织工程包含材料工程、机械工程、电气工程、化学工程等领域内的加工技术,加工对象是纤维聚集体(或集合体)。纺织加工过程可以看成对不同种类、不同特点的纤维聚集体(或集合体)进行某种形式的加工,最终制成具有不同外观形态、不同性能特点,满足不同功能、不同用途的纤维制品的过程。

➡➡**纺织品的分类**

生活中,一谈到纺织,人们可能马上会想到棉花,想到穿在身上的衣服或华丽的时装表演,或许还会联想到桌布、地毯和窗帘等室内装饰材料。然而,当今纺织材料的应用和纺织品的含义,早已超出了人们的这些认知。特别是进入 21世纪以后,经过多次工业革命的催化,许多纺织新产品进入了我们的日常生活,无所不在的纺织材料和纺织品正带领我们走进一个全新的、令人激动的纺织世界。

纺织品泛指经过纺织、印染或复制等加工,可供直接使用或需进一步加工的纺织工业产品的总称,如纱、线、带、绳、织物、被单、毯子、袜子和台布等。图 1 为生活中各种各样的纺织品。

图1　生活中各种各样的纺织品

按加工所用纤维原料、生产方式及最终用途的不同,纺织品可以分为不同类别。纺织品的分类及主要特征见表1。

表1　纺织品的分类及主要特征

分类方法	名称	主要特征
按加工所用纤维原料划分	天然纤维纺织品	使用自然环境中生长或存在的植物纤维(如棉、麻)、动物纤维(如羊毛、蚕丝)和矿物纤维(如石棉)等加工而成的纺织品
	化学纤维纺织品	使用由人工加工制造成的纤维加工而成的纺织品。包括利用天然的高聚物经化学或机械方法制造而成的再生纤维(如黏胶纤维、大豆蛋白纤维)和利用煤、石油、天然气、农副产品等低分子化合物,经人工合成与机械加工而制得的合成纤维(如涤纶、锦纶、腈纶)等加工而成的纺织品
按生产方式划分	线类纺织品	纺织纤维经纺纱工艺制成纱,两根或两根以上的纱,经合并加捻制成线。包括缝纫线、绒线、绣花线和麻线等

分类方法	名称	主要特征
按生产方式划分	绳类纺织品	由多股线捻合而成的直径较粗的线称为绳。如果把两股以上的绳进一步复捻，则制成"索"，直径更粗的则称为"缆"。包括拉灯绳、降落伞绳、攀登绳、船舶缆绳和救生索等
	带类纺织品	由若干根纱线编结形成的宽度为 0.3～30 厘米的狭条状织物或管状织物称为带。包括日常生活中用的松紧带、花边、饰带、鞋带、裤带等，工业上用的商标带、色带、水龙带等，医学上用的人工韧带、人工血管等
	机织物	以纱线为原料，用织机将垂直排列的经纱和纬纱按一定的组织规律交织而成
	针织物	用针织机将纱线弯曲成线圈状，以线圈套线圈的方式形成的织物，也包括直接形成的衣着用品
	编结物	由纱线（短纤维纱或长丝）编结而成的制品。编结物中的纱线相互交叉成"人"字形或"心"形，这类产品既可以用手工编织，也可以用机器编织，常见的产品有网罟、花边等
	非织造布	用机械、化学、物理的方法或这些方法的联合方法，将定向排列或随机排列的纤维网加固制成的纤维状、絮状或片状的结构物。作为一种新型的片状材料，它已部分替代了传统的机织和针织产品，形成相对独立的市场

分类方法	名称	主要特征
按最终用途划分	服用纺织品	包括制作服装的各种面料,如外衣面料、内衣面料,以及衬料、里料、垫料、填充料、花边、缝纫线、松紧带等纺织辅料 服用纺织品必须具备实用、经济、美观、舒适、卫生、安全和装饰等基本功能,以满足人们工作、休息、运动等多方面的需要,并能适应环境、气候条件的变化
	家用纺织品	也称为装饰用纺织品,包括家具用布、餐厅用品、盥洗室用品、床上用品、室内装饰用品和户外用品 家用纺织品在强调装饰性的同时,对产品的功能性、安全性、经济性也有着不同程度的要求,如具有阻燃、隔热、耐光、遮光等性能
	产业用纺织品	产业用纺织品以功能性为主,产品供其他产业部门专用(包括医用、军用),如人造血管、绷带、土壤侵蚀织物、枪炮衣、篷盖布、帐篷、土工布、船帆、滤布、筛网、渔网、轮胎帘子布、水龙带、麻袋、色带、人造器官、航天服和各类防护服等

➡➡ 纺织生产技术的发展

在人类历史上,纺织生产几乎和农业生产同时开始。纺织的出现,标志着人类脱离了"茹毛饮血"的原始状态,进入了文明社会。因此,人类的文明史,从一开始便和纺织生产紧密联系在一起,世界文明不同程度地受到纺织技术的影响。

纺织生产技术的发展大致可分为原始手工纺织时期、手工机器纺织时期和大工业化纺织时期。纺织生产技术随着纺织原料、纺织加工原理、加工设备及纺织品应用领域需求的进步而不断发展。

❖❖原始手工纺织时期

这个时期大约处于原始社会,即传说中"五帝"及以前的时代,可分为两个阶段:一是以采集原料为主的阶段(相当于旧石器时代)。人们靠采集野生的葛、麻和猎获的鸟兽羽毛进行纺织,就地取材,使用简单的工具,如纺专、原始腰机等(图2)。二是以培育原料为主的阶段(相当于新石器时代)。随着农牧渔业的发展,人们逐渐学会了种麻、育蚕、养羊等培育纤维原料的方法,已开始使用较多的纺织工具,产品较为精细,除了服用性外,已经开始织出花纹,施以色彩,但生产效率极低。

(a)浙江余杭瑶山遗址出土的玉纺专　　　　(b)原始腰机

图2　手工纺织工具

❖❖手工机器纺织时期

这个时期使用的纺织工具已经逐步改进,发展成为包含原动、传动和执行机件在内的完整机器，但机器需人力驱动。这个时期分为两个阶段：一是手工机器纺织形成阶段。缫车、纺车、脚踏织机相继发展为手工机器，生产力比原始手工纺织时期大幅度提高，生产者也逐步职业化。纺、织、染全套工艺逐步形成，产品的艺术性大大提升，并且大量成为商品。产品规格和质量逐步形成从粗略到细致的详细标准。在这个阶段，丝织技术快速发展，丝织品已经十分精美。多样化的织纹加上丰富的色彩，使丝织品具有很高的艺术性，麻纺织、毛纺织技术也有相应的发展和提高。二是手工机器纺织发展阶段。手工机器纺织逐步发展，出现了多种形式。如缫车、纺车从手摇式发展成几种复锭（二锭、三锭、四锭）脚踏式；织机则形成普通和提花两大系列。我国纺织工艺和手工机器到宋代已达到普遍完善的程度。南宋以后，棉纺生产逐步发展成为全国许多地区的主要纺织生产。棉布成为人们日常衣着的主要材料。葛逐步被淘汰，麻也失去作为大宗纺织原料的地位。部分地区出现了用畜力或水力驱动的32锭大纺车，以适应规模较大的集体生产的需要，成为动力纺车的雏形。但织造机器仍由1～2人操作，适于一家一户使用。由于手工机器的推广，纺织品的产量、质量和生产效率都大大提高。图3为手工纺车，图4为手工织机。

（a）单锭纺车

（b）脚踏三锭纺车

图3　手工纺车

（a）古代织机

（b）老官山提花织机模型

图4　手工织机

❖❖❖大工业化纺织时期

进入18世纪，英国发明了蒸汽机。纺纱机具逐渐由以人为驱动力的珍妮纺纱机、以水为驱动力的水力纺纱机和走锭纺纱机（图5），发展到以蒸汽和电为驱动力的纺纱机，使一家一户或手工小作坊的分散生产形式逐步演变成集中性、大规模的工厂生产形式。人的工作由提供动力转为看管机器和搬运原材料与产品，生产效率有了大幅度提高。

 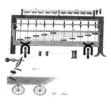

(a)珍妮纺纱机　　　　　(b)水力纺纱机　　　　　(c)走锭纺纱机

图5　纺纱机具

纺纱机具更新的同时,纺织化学工艺也有了进展。欧洲一些化学家对染料性能和染色原理的研究获得了突破。19世纪以后,人工合成染料取得了一系列的成果,如苯胺紫染料、偶氮染料、茜素染料、靛蓝染料、不溶性偶氮染料、醋酸纤维染料和活性染料等。合成染料的制成,使染料生产摆脱了对天气的依赖,使印染生产进入了新时期。同时,浸染、轧染的连续化,溢流染色等新工艺的产生,各种染色助剂及染色设备的问世,使染色逐步实现了自动化,滚筒印花、圆网印花等机器先后投入生产。但某些特别精细的印花品种仍需用半自动机器或手工操作。19世纪以后,纺织品整理技术也迎来了快速发展,新型整理方法不断出现,轧光、拉幅、防缩、防皱、拒水、阻燃等工艺不断完善,适应化纤制品的各种染整新工艺不断更新,生物酶处理、等离子体处理、超临界二氧化碳处理等技术进入了试用阶段。

纺织进入大工业化生产时期后,生产规模迅速扩大,对

纺织纵横：纺织的过去、现在与未来

原料的需求促使人工制造纤维技术加快发展。19世纪末，硝酸人造丝和黏胶人造丝开始进入工业化生产。20世纪上半叶，锦纶、涤纶、腈纶等合成纤维相继投入工业化生产。人工制成的化学纤维品种很多，有的具有比较优良的纺织性能和经济价值，生产规模不断扩大；有的则由于性能不佳、性价比低，或产生严重的环境污染而趋于被淘汰。在此基础上，人们致力于使化学纤维具备近似天然纤维的舒适性能，或者具备天然纤维所不具备的特殊性能的研究。于是，改性纤维和特种纤维的开发工作不断取得重大进步，高性能、高功能、智能化新纤维不断投入使用，产业用纺织品和纤维复合材料逐渐渗透到国民经济和社会的各个应用领域。

大工业化纺织时期，中国主要经历了两个阶段：一是动力机器纺织形成阶段（1871—1948年）。此时动力机器纺织和工厂生产形式逐步从国外引进中国，并且成为主要的生产方式。我国的纺织工业经历了孕育（1871—1877年）、初创（1878—1913年）、成长（1914—1936年）、曲折（1937—1948年）的艰难发展历程。二是动力机器纺织发展阶段（1949年—21世纪初）。1949年中华人民共和国成立后，经过3年恢复调整和生产关系的改革，纺织生产能力得到充分发展。从1953年第一个五年计划开始，中国纺织工业真正进入发展阶段。为了解决好穿衣问题，我国大力发展纺织原料生产，建立大规模的新纺织基地，并进行成套纺织机器制造和化学纤维生产。这一时期,我国纺织生产地区布局渐趋合理,纺织产品急剧增长,国内市场纺织品供应远低于日益增长的人民需求的紧张状况渐趋缓和。到20世纪80年代,随着人民生活水平的提高和国际贸易的发展,纺织生产能力迅猛增长;经过20世纪90年代的治理整顿,纺织生产转向依靠科学技术和提高工人素质。到21世纪初,我国纺织工业生产能力在世界总量中所占份额大体接近人口所占的份额。纺织生产逐步改变了劳动密集的"旧貌",换上了技术密集的"新颜"。

世界各国纺织界的科技人员为改变纺织工业劳动密集状态不懈努力。今天的纺织科技,正在吸收各方面的高新技术,使纺织生产逐步从劳动密集型向智能化、信息化发展。

"十三五"期间,我国纺织行业依靠自主创新,在新材料等核心技术上取得突破。通过数字化赋能,实现了从"中国制造"向"中国创造"、从"中国产品"向"中国品牌"的转变。例如2020年底,随"嫦娥5号"登上月球的五星红旗,是我国第一面在月球展示的织物版五星红旗,实现了纺织行业从材料到印染的多项创新突破,它在真空、强电磁辐射、温差300摄氏度的环境中,仍能保持鲜艳亮丽。在新材料、新技术取得突破的同时,纺织业的数字化、网络化、智能化向纵深方向发展。例如,在山东滨州建成的绿色智能纺织生产线,智能化轨道输送系统长达35千米,从粗纱进厂到产品下线,基本实现无人化生产。国家工业信息安全发展研究中心报告显示:过去五年,在电子、纺织、轻工、机械、交通设备制造五个行业中,纺织行业个性化定制企业比例位列第一。产业基础高级化、产业链现代化水平显著提高。

可以预见,未来的纺织业必将大量移植信息技术,从原来的劳动密集型向技术密集型方向发展。未来纺织生产将实现:原料超真化——化纤将具有天然纤维的优良特性,并发展其原有长处;天然纤维也将改性,具备合成纤维的某些优良特性;设备智能化——全部设备将实现电脑控制,自动适应环境变化;工艺集约化——流程将大大缩短,工艺简化;产品功能化——产品将适应人们的各种需求;运营信息化——生产和经营都将通过电脑和网络系统,实现真正的"快速响应";环境优美化——生产环境不但无害,而且优美,使体脑合一的新型工人的劳动变成生活享受。

▶▶纺织产品加工——纤维的时尚旅途

纺织技术是由原料加工、纺纱、织造、印染、整理等一整套加工工序构成的,每一道加工工序都有与之相匹配的工艺和机具。使用不同纤维原料加工具有不同特点、要求的纺织品,需要采用不同的加工方法和加工工艺。

➡️➡️纺织原料

史前,人类用于御寒、遮体的衣着原料,主要是随意采集的野生植物茎皮纤维或猎取的动物毛皮。大概在新石器时代中期以后,随着原始农作、畜牧技巧和手工技巧的出现,人们对衣着有了更高的要求,进而产生了对野生动植物的原始优选和人工养殖、种植的倾向,并逐渐选出少数具有良好纺织特性的动植物品种。如动物品种有蚕、绵羊、山羊、牦牛、兔等;植物品种有葛藤、大麻、苎麻、亚麻等及棉花等种子类植物。随着纺织进入工业化生产,生产规模不断扩大,对原料的需求急剧增加,天然纤维已不能满足生产需要,人们加快了对化学纤维的研究。20世纪上半叶,锦纶、涤纶、腈纶等合成纤维相继投入工业生产,生产量不断增长。如今,随着化学纤维品种不断增多、性能不断改善以及产量不断提高,化学纤维在纺织生产中的应用越来越广泛。

通常,长度比细度大数百倍(上千倍甚至更多)的细长物体都可称为纤维,但纤维不一定都能用于纺织加工。纺织纤维,是指长度达数十毫米以上,有一定的强度、可挠曲性或具有一定包缠性和其他某些特定物理和化学性能,可以进行物理和化学加工,制成纺织制品的纤维。纺织纤维,按长度不同可分为短纤维和长丝。天然纤维中的棉、麻、毛等都是短纤维,蚕丝则为长丝;与天然纤维相比,化学纤维(包括人造

纺织纵横:纺织的过去、现在与未来

纤维和合成纤维）是由人工制造而成的，所以既可以制成短纤维，也可以制成长丝。由于纤维的长度不同，短纤维或长丝制成织物（或其他纺织品）的加工过程也各不相同。

➡➡加工过程

下面让我们以棉纤维为例，看看短纤维是如何变成色彩鲜艳、图案俏丽的织物（或服饰）的。

✣✣棉的初加工

天然纤维的初加工主要指纤维与生物体或矿物、纤维与异物、纤维与纤维间的分离。棉的初加工包括棉花采摘和轧花加工。

棉花采摘：棉花的采摘要适时，这取决于纤维的成熟度。棉花采摘方式有机采与人工手摘两种，传统以人工手摘为主。人工手摘能很好地分种、分区、分时采摘，但耗费人力，成本较高。机采不仅效率高（一台采棉机可抵 500～600 人人工采摘）、成本低，而且采摘质量优良。新疆是我国最大的产棉区，2020 年，新疆棉花机采的推广率已超过 60％。

轧花加工：从棉花植物上采摘下来的棉花，因含有棉籽，故称为籽棉。将籽棉上的纤维与棉籽分离的加工，称为轧花或轧棉。去籽后的棉花称为皮棉，在纺织企业中习惯称为原棉。轧花加工，包括从籽棉清理到皮棉打包的全过程。其中籽棉预清理、籽棉清理和皮棉清理均可以重复多次。

❖❖纺纱加工

纱线，是"纱"和"线"的统称。纱，是由各种短纤维沿长度方向排列，并加捻得到的纤维集合体。线，是由两根或两根以上的单纱，经加捻组成的纱的集合体。

纺纱，是把许多短纤维加捻在一起纺成纱或线的工艺过程。这些纱或线可以用来织成布（织物）。棉、麻、毛等天然纤维的纺纱工艺流程和使用的设备不尽相同，化学纤维的纯纺、混纺大多也采用相近的工艺，只是在一些工序上采用专用的工艺和设备。

棉纤维纺成棉纱的基本工艺流程如下：

原棉→配棉→开清棉→梳棉（或清梳联）→精梳准备→精梳→并条（2～3道）→粗纱→细纱→后加工（如络筒、合股、并捻等）→棉纱（或棉线）

纺纱不管是古代原始方法，还是现代机械化方法，都是把短纤维原料中存在的局部横向联系彻底破除（这个过程叫作"松解"），并牢固建立首尾衔接的纵向联系（这个过程叫作"集合"）。从现代技术水平看，松解和集合不可能一次完成，要分成开松、梳理、牵伸、加捻四个步骤。

开松是把大的纤维团块扯散成小块、小束纤维的过程

（如开清棉）。梳理，是用梳理机上的大量密集梳针，把小块、小束纤维进一步松解成单根纤维状态（如梳棉、精梳）。梳理后，被松解的纤维形成网状，并被收集成细长条子，初步实现纤维沿纵向顺序排列。牵伸，是把梳理后集合成的条子抽长拉细，使条子逐步达到预定粗细的过程（如并条、粗纱和细纱等）。加捻，是依靠回转运动，把牵伸后的细长条子加以扭转，以产生径向压力，使纤维间的纵向联系固定起来（如粗纱和细纱）。在上述过程中，开松是初步的松解；梳理基本完成松解，同时又是初步的集合；牵伸最后完成松解，同时基本完成集合；加捻则是最后巩固集合。

纺纱过程中的混合、除杂、精梳、并合可以称为"匀净作用"，其目的是使产品更加均匀、洁净，提高纱线质量，但对是否成纱则无决定性影响，所以只起辅助作用。纺纱过程还伴随着卷绕，即做成卷子、条筒，绕上纱管，络成筒子，摇成纱绞等，这些都只是为衔接前、后工序，称为"插入作用"。在前、后工序实现连续化时，卷绕过程就可以省略。有时卷绕还对产品质量有影响，如经过带清纱器的络筒能减少瑕疵等。

❖❖❖织造（织布）加工

织造，就是将纱线有规律地弯曲环绕，交叉绕结，形成具有稳定结构的片、块状物的过程。织物就是由纱线或纺织纤维制成的柔软的、具有一定力学性能和厚度的制品。目前，织物的成形方法主要有机织、针织、非织造和编结等，其中机织物产量最高、应用最广泛。

机织物，是由相互垂直的一组经纱（与织物平行，即与织物长度方向平行的纱）和一组纬纱（与织物垂直，即与织物宽度方向平行的纱）在织机上按一定的沉浮规律进行交织所形成的织物，织物沿经纱方向移动输出。针织物，是由一组或多组纱线在针织机上彼此成圈连接而成的织物，织物沿纵向从机器中输出。非织造布，是由定向或随机排列的纤维网通过摩擦、抱合或粘合的方法或者通过这些方法的组合进行固结制成的片状或絮填类产品。编结物，一般是以两组或两组以上的条状物相互错位、卡位交织而成的织物。织物的成形方法不同，其成形原理与工艺流程也不同。

棉纱（线）可用机织、针织或编结成形的方法，生产具有不同特点的棉织物。

棉纱（线）生产纯棉机织物的一般生产工艺过程如下：

经纱：原纱→络筒→整经→浆纱→穿（结）经
纬纱：（有梭织机）原纱直接纬或间接纬→给湿 ⟶
　　　（无梭织机）原纱→络筒

织布→检验→修整

织机是把经纱与纬纱相互交织形成织物的机器设备。

经、纬纱线在织机上进行交织前,还要经过经纱准备工序和纬纱准备工序(简称织造准备工序)。经纱使用的纱线,要先把它做成织轴的形式;纬纱使用的纱线,要根据不同类型织机的要求,把它做成卷装形式。

❖❖染整加工

纺织品的染整加工是借助各种机械设备,通过化学或物理化学的方法,对纺织品进行处理的过程。本色纱线经机织或针织加工后形成的织物称为坯布或原布,一般还不具备实用价值,需要经过染整加工成漂白布、色布或印花布,赋予织物一定的外观、手感及功能等使用性能后,才能作为制作服装、家纺等最终纺织品用途的材料。

织物的染整加工包括坯布的前处理、染色、印花及整理等工序。前处理是采用化学方法去除织物上的各种杂质,改善织物的使用性能,并为染色、印花和整理等后续加工提供合格的半成品。染色是把纤维材料(如织物,也可以是纤维或纱线等)染上颜色的加工过程。它是借助染料与纤维发生化学或物理化学反应,或使用化学方法在纤维上生成染料而使整个纺织品成为有色物体。染色产品不但要求色泽均匀,还应具有良好的染色牢度。纺织品纤维原料不同、形态不同,所用的染料或颜料、染色方法、染色工艺和染色设备都会有所不同。印花是通过一定的方式将染料或涂料印制到织物上,形成花纹图案的方法。整理是根据纤维特性,通过化学或物理化学的作用,改进纺织品的外观和形态稳定性,提高纺织品的使用性能(如柔软整理、定型整理、轧光整理等)或赋予纺织品阻燃、拒水、拒油、抗静电、防紫外线等特殊功能。

本色纯棉纱线经过织造加工变成了本色纯棉坯布,若想使其带上不同颜色或使其表面带有花纹图案,或具有某种特殊功能(如拒水、拒油功能等),则需要通过染色、印花或整理来实现。纯棉染色、印花、整理织物的一般加工工艺流程分别如下:

纯棉染色织物一般加工工艺流程:

原布准备→烧毛→退浆→精练→漂白→丝光→染色→定型→检验→成品

纯棉印花织物一般加工工艺流程:

图案设计→分色描稿→雕刻、制版
　　　　配色→试样→调浆 }→印花→烘干→固着
织物前准备(精练、漂白/染色等)
→水洗→后处理

纯棉整理织物一般加工工艺流程:

织物前处理→烘干→浸渍(或浸轧、喷涂等)→烘干→焙烘→定型→检验→成品

✧✧✧服装生产

服装生产，就是用各种面料（主要为织物）制成具有不同风格特点、满足人们需要的服装的加工过程。服装生产过程主要包括生产准备（如面料、辅料、缝纫线的检验与测试，材料的预缩和整理等）、裁剪、缝制、熨烫，以及成衣检验等工序。

服装生产基本工艺过程：

服装设计→纸样→出样→下订单→服装生产→包装入库→服装销售

纯棉织物（漂白布、色布、印花布等）经过服装生产加工，就成为我们常穿的纯棉衣服了。

至此，棉纤维经过棉的初加工、纺纱加工、织造（织布）加工、染整加工和服装生产环节，就变成了我们喜爱的漂亮衣服。

▶▶中国纺织地位——从筚路蓝缕到衣被天下

➡➡中国纺织工业的重要地位

无论哪个国家或民族，只要提起丝绸，必定会想到中国。只要提起中国，就会想起那条通往西方的丝绸之路。在人类历史长河中，丝绸凝聚着中国人民的智慧，闪耀着璀璨的文明之光。6 000多年来，丝绸业不仅加速了中国农业的繁荣和发展,促进了商贸间的交流与合作,还承载了厚重的历史与文化。中国的丝绸在几千年的历史中被世界所熟知。丝绸之路,是连接亚洲、非洲和欧洲大陆的古代商贸通道,为东西方在科技、文化、历史,以及农业等方面的交流与发展做出了巨大贡献。图6为一些精美的丝绸之路纺织品。

图6 精美的丝绸之路纺织品

在纺织生产进入手工机械阶段及以后的发展过程中,我国人民有诸多独特的创造,如育蚕取丝、振荡开松、水转纺车、缬染技艺等。这些独特的创造传向世界各地,与各地人民的创造相互融合,使全世界的纺织生产在几百年到上千年的时间内,先后实现了手工机械化。

杰出的纺织技术改革家黄道婆(约1245—?),松江乌泥泾(今上海市徐汇区)人,她在改革棉纺工具方面做出的重要贡献,至今仍被人们所传颂。她发明了脚踏三锭纺车,能同时纺出三根纱,操作省力,使纺纱效率大大提高,是当时最先进的纺车。此外,她结合自己的实践经验,总结出一套比较先进的织造技术,并热心向人们传授,促使松江一带棉纺织业繁荣发展,百年经久不衰。然而,随着世界科技的发展,在第一次工业革命开始时,中国处于"康乾盛世",实行"闭关锁国"政策,我国纺织工业因此错失了发展良机,进入了低潮期。脚踏三锭纺车和松江布产品如图7所示。

图7　脚踏三锭纺车和松江布产品

中华人民共和国成立之初,我国棉纺织工业的总规模较小。经过几代"纺织人"的艰苦努力,历经70余年风雨,中国纺织工业从弱到强,从"衣被甚少"到"衣被天下",为国民经济建设、改善人民生活、全面建成小康社会做出了巨大贡献。

目前,中国拥有世界规模最大、产业链最为完整和独立的纺织工业体系,建成了全球最大的纺织服装中间品市场和零售市场。从规模上看,2018年,我国纤维加工总量约为5 460万吨,占全球纤维加工总量的51.28%;60支以上纱线生产量的80%在中国,色纺纱生产量的90%以上在中国,高档衬衫色织面料生产量的60%在中国,高档牛仔面料生产量的 30% 在中国,高支高密织物的生产技术主要在中国,国际竞争优势明显。从综合能力来看,我国纺织产业链从门类品种、产出品质,到生产效率、自主工艺技术装备等方面,普遍达到国际先进水平。中国工程院发布的《面向 2035 推进制造强国建设战略研究》报告显示,纺织等五大产业已整体达到世界先进水平。

❖❖纺织工业是我国重要的支柱性产业和消费的支撑力量

纺织工业在中华人民共和国成立时就确立了支柱产业地位。改革开放 40 余年来,我国经济发展水平不断提升,产业结构持续优化,一直保持平稳、健康的发展轨迹,在国民经济体系中的支柱产业地位始终没有动摇。2010 年,我国纤维加工量突破 4 000 万吨,达到 4 130 万吨,占全球加工总量的 50%。中国成为世界最大的纺织品生产国、消费国及出口国,不仅满足了我国约占全世界五分之一人口、约占全世界三分之一的纤维消费需求,还为其他国家提供了优质纤维制品。

我国凭借全世界最为完善的现代纺织产业制造体系和位居世界前列的产业链各环节制造能力与水平,成为支撑世界纺织工业体系平稳运行的核心力量和推进全球经济文化协调合作的重要产业平台。

❖❖纺织工业是我国重要的民生产业

随着纺织工业不断地发展，人民群众的衣着发生了重大变化，这不仅是纺织行业的重大发展成就，也是我国经济社会发展的最直观体现。改革开放初期，纺织行业仍处于努力解决全国人民穿衣、盖被等温饱需求的阶段，衣着消费水平较低，原料品种、衣着款式、色彩等均较为单调。1978年，我国人均年纤维消费量仅有2.9千克，是世界平均水平的38％。2008年，我国人均年纤维消费量突破15千克，2015年超过20千克，其中产业用纤维消费大量增加。随着人民对美好生活需求的日益增加，功能性、时尚性、生态性成为内需升级新风向，科技、时尚、绿色成为纺织行业顺应市场需求的全新定位。

作为重要的民生产业，纺织工业不仅创造了大量就业岗位，提供了丰厚的薪酬收入，还惠及"三农"，在繁荣经济、扶贫富民方面发挥了重要作用。目前，全行业就业人数超过2 000万，规模以上企业就业人数占全国规模以上工业的比重保持在10％左右。

❖❖纺织工业是创造国际化新优势的产业

作为重要的民生产业及传统支柱产业，纺织业也在不断创造国际化新优势。国家统计局数据表明，2016年以来在全国41个工业大类行业中，33个行业利润总额较2015年同比增长,其中纺织业增长 6.8%,高于全国平均水平。当前,纺织业与互联网加速融合,"中国制造 2025""互联网+"不断推动纺织工业生产模式向柔性化、智能化、精细化转变,由传统生产制造向服务型制造转变。我国纺织科技创新已从"跟跑"进入"跟跑、并跑、领跑"并存的新阶段。利用好新一轮科技和产业变革的战略机遇,推进纺织工业智能制造和绿色制造,形成发展新动能,创造竞争新优势,促进我国纺织工业迈向中高端,初步完成纺织强国的建设目标。

→→未来纺织——编织未来智能世界

随着人们对美好生活的向往,科技的蓬勃发展,以及石油化工、高分子科学、电子信息、生物工程等新技术、新工艺、新材料的迅速发展,纺织工业进入了新时代。纺织品除提供御寒、装饰作用外,呈现出越来越多的特殊性能。例如,将相变微胶囊织入纺织品,当外界炎热时,相变微胶囊汽化吸热;当外界寒冷时,它又凝固放热,即可制得具有温度调节功能的空调服。又如,利用不同纺织复合材料,可制备能防水、拒水,同时又能吸湿、透气的鞋子。

在卫生保健方面,现代纺织品可以用作人工皮肤、人工肌腱,又可以用于人工血管、人工骨骼和脏器修补材料等。在安全防护方面,以碳纤维为骨架的复合材料,坚固程度胜过钢铁,重量却比钢铁轻得多;用芳纶纤维制成的阻燃防护

纺织纵横:纺织的过去、现在与未来

服,可以在热源和人体之间形成保护屏障;以柞蚕丝和金属丝制成的"均压绸",具有高度电绝缘性,可以用来制作500千伏高压电网带电作业的防护服。在航空航天方面,以纺织品为主要材料的航天服,可以满足宇航员的太空行走需要;以耐超高温化学纤维为骨架制成的复合材料,包覆于火箭头部,在6 000摄氏度的高温下不会受到破坏。图8所示为具有特殊功能的纺织品。

（a）碳纤维材料

（b）心脏瓣膜　　（c）阻燃防护服

图8　具有特殊功能的纺织品

纺织工业正在酝酿一场纤维革命，试图赋予纤维感知和信息处理功能，使传统织物拥有生命和智能。未来，纤维和纱线将与集成电路、发光二极管（LED）、太阳能电池和其他设备等结合在一起，创造可看、可听、可感知的，具有通信、存储、调节等功能的纤维与织物。未来的纺织品将作为一种载体，把物理世界、人体世界和虚拟世界连接起来。

　　如何利用不同的纤维原料，生产出满足社会需求的各类纺织材料，是纺织工作者永远的研究课题，其中有很多有趣的和值得探索的奥秘。

纺织纤维：小纤维大应用

麻叶层层苘叶光，谁家煮茧一村香。

——《浣溪沙·麻叶层层苘叶光》

纺织工业所用的原料主要为纺织纤维及其制品。纺织纤维是一种细而长并具有一定强度的材料，同时具有一定韧性，可以进行绕曲和结节。纺织纤维的种类众多，大体上可分为天然纤维和化学纤维两大类。

▶▶天然纤维——来自大自然的馈赠

➡➡棉纤维

棉花（图9）属植物界被子植物门双子叶植物纲锦葵目锦葵科棉属。棉花在我国被广泛种植，用于纺织的棉纤维是一种由棉花种子表皮细胞发育而成的种子纤维。

图9　棉花

❖❖❖棉纤维分类

棉花按品种可以分为细绒棉（陆地棉）、长绒棉（海岛棉）和粗绒棉（亚洲棉）。

棉花按初加工工艺可以分为籽棉和皮棉。籽棉是指从棉地摘下的含有棉籽的棉花，皮棉是指籽棉经过轧花加工后去除棉籽的棉花。

棉花按色泽可分为白色棉和天然彩棉。天然彩棉天然呈现彩色，在后续加工中不用染色，生产过程中无污染，可产生较大的经济效益。

❖❖❖棉纤维结构

棉纤维是一种根部开口，顶端封闭，具有中腔和转曲的纤维。正常成熟的棉纤维中腔干瘪，沿纤维轴向转曲较多，截面呈腰圆形；未成熟的棉纤维壁薄，截面扁，中腔大，纤维轴向转曲少；过于成熟的棉纤维截面为圆形，中腔很小，几乎无转曲。

➡➡ 麻纤维

麻纤维是从各种麻类植物中提取的韧皮纤维或叶纤维，各种麻类作物见图 10。

(a)黄麻   (b)大麻   (c)苎麻

(d)罗布麻   (e)剑麻   (f)亚麻

图 10 各种麻类作物

✤✤ 黄麻

黄麻，属椴树科黄麻属，为一年生草本植物，俗称络麻。黄麻单纤维长度很短，因此需要用成束的工艺纤维纺纱，传统产品多为麻袋、绳索、包装材料等低档纺织品。黄麻纤维具有强度高、吸湿性好、导湿快、耐腐蚀等特点。近年来，人们采用新型复合脱胶工艺，生产精细黄麻工艺纤维，用于开发高档服装、家用纺织品和非织造布等。

❖❖大麻

大麻,属桑科大麻属,为一年生草本植物。工业大麻不属于毒品,可以工业应用。在中国,大麻有超过 5 000 年的种植历史。

❖❖苎麻

苎麻,属荨麻科苎麻属,多年生草本植物,又名"中国草",是中国特有的麻类资源,种植历史悠久。我国苎麻产量占世界总产量的 90% 以上。

❖❖罗布麻

罗布麻,属夹竹桃科茶叶花属,多年生宿根草本植物。茎部韧皮纤维细长而有光泽,耐湿抗腐,可供纺织。

❖❖剑麻

剑麻,属龙舌兰科龙舌兰属,是热带多年生草本植物,因其叶片形似宝剑而得名。剑麻纤维可以代替化学纤维用于环保型包装材料,剑麻复合材料还可用于制造生活用品、工艺品和宠物窝等。此外,剑麻还可用于制作光缆的屏蔽材料和电子工业的绝缘材料。

❖❖亚麻

亚麻,属亚麻科亚麻属,为一年生草本植物。我国将亚麻划分为三类:纤维用亚麻、兼用亚麻和油用亚麻。我国传统称纤维用亚麻为亚麻,油用亚麻为胡麻。亚麻纤维主要由亚麻茎秆韧皮层经脱胶制成,是良好的纺织原材料。

➡➡毛纤维

毛纤维是一种动物蛋白质纤维,主要成分为蛋白质。毛纤维保暖性好,吸湿性好,光泽好,是纺织工业的主要原材料。

❖❖绵羊毛

绵羊毛是一种天然动物毛纤维,是纺织工业中应用的主体。绵羊毛主要成分为角蛋白,角蛋白中的蛋白质形成 α-螺旋结构,因此绵羊毛具有很好的弹性。

❖❖山羊绒

山羊绒简称羊绒,是生长在山羊体表皮层,掩在山羊粗毛根部的一层薄薄的细绒,日照时间减少(秋分)时开始长出,可抵御风寒;日照时间增加(春分)后逐渐脱落。根据光照时间的长短,自然适应气候,属于稀有的特种动物纤维。羊绒之所以十分珍贵,不仅是因为产量少(仅占世界动物纤维总产量的 0.2%),更重要的是其具有优良的品质和特性,被人们称为"纤维宝石""纤维皇后"。羊绒细度细,无髓质层,弹性好,手感柔软、细腻,是绝佳的纺织材料。图 11 为羊绒纤维形态图。

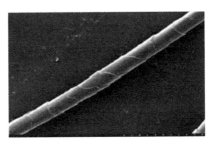

图 11 羊绒纤维形态图

❖❖ 兔毛

兔毛由绒毛和粗毛两类毛组成,绒毛的截面为圆形或四边形,无髓质层,密度小,是一种良好的纺织材料。兔毛纤维表面光滑且卷曲小,纤维制品蓬松柔软且富有光泽,具有极高的美观性。但兔毛纤维光滑,表面摩擦系数小,因此不利于织造,其纤维纯纺必须加入增人摩擦力的物质以确保正常织造。此外,兔毛还经常与各类高级纤维进行混纺织造。

❖❖ 马海毛

马海毛是一种长绒毛,其鳞片平阔紧贴于毛干,而且很少重叠。马海毛纤维表面光滑,具有蚕丝般的光泽,且不易收缩,不易毡缩,强度好,耐磨耐污,是一种高档纺织原料,常与绵羊毛等混纺进行服装加工。

❖❖ 牦牛毛

牦牛毛是指牦牛身上的绒毛、粗毛和尾毛。牦牛毛长度长,毛髓小,强度和伸长度好,图 12 为牦牛毛形态图。牦牛绒毛可做针织衫和机织面料；粗毛可做衬垫织物及帐篷、毛毡、沙发垫料等；尾毛是制作高档假发的主要原料。

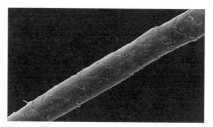

图12　牦牛毛形态图

➡➡丝纤维

丝纤维是昆虫分泌出来的纤维，无细胞结构，由丝胶和丝素构成，丝胶包覆于丝素之外。

✢✢桑蚕丝

桑蚕丝是经由桑蚕茧缫丝获得的，主要产自我国南方地区，其纤维具有较强的延伸性与韧性，既柔软又富有光泽，是上等的纺织材料。桑蚕丝由桑蚕体内的绢丝腺分泌的丝液凝固而成，主要由丝胶与丝素两部分构成。桑蚕丝强度一般较低，且单根纤维内细度不匀整，不能直接用于纺织。为解决这一问题，需要对桑蚕丝进行并和，制成生丝以保障丝纱线整体具有较好的匀整度，利于加工。

✢✢柞蚕丝

柞蚕丝主要产自我国北方地区，由柞蚕抽丝而成，其生产过程与桑蚕丝相似。相比桑蚕丝，其丝胶、丝素含量更高，纤维更粗，具有坚固、耐晒、富有弹性等特点。柞蚕丝丝素中丙氨酸含量多于甘氨酸，还具有更多的支链，因此其分子内作用力较为复杂，分子结构较不规整，结晶区较少，但因交联度提升而提高了纤维整体的强度。

❖❖❖蜘蛛丝

蜘蛛丝是一种新型蛋白质纤维，可生物降解，无污染。蜘蛛丝具有极大的强度、弹性和韧性，同时还具有轻质、抗紫外线、抗低温的特点，被誉为"生物钢"。但因蜘蛛的特性，蜘蛛丝不易被收集，因此人工制造蜘蛛丝成为研究人员热衷的课题之一。

由于在自然界中采集蜘蛛丝难度较大，研究人员通过转基因技术、仿生纺丝技术等对蜘蛛成丝过程进行模拟，以期获得可大规模生产蜘蛛丝的方法。

▶▶化学纤维——师承自然而优于自然

人类使用天然纤维已有上万年的历史。三百多年前，受蚕吐丝现象的启发，人们产生了通过人工方法制造纤维的想法，但直到1855年瑞士人才研究出了硝酸丝。1905年，黏胶纤维实现了商业化生产，由此开始了化学纤维工业的历史。

化学纤维是指用天然的或合成的聚合物为原料，经化学方法和物理加工制成的纤维，主要分为再生纤维、合成纤维、差别化纤维、功能纤维和高性能纤维等。

➡➡**再生纤维**

再生纤维是指以天然高聚物为原料制得的、与原高聚物在化学组成上基本相同的纤维，按原料来源分为再生纤维素纤维、再生蛋白质纤维和再生壳聚糖纤维三类。

❖❖**再生纤维素纤维**

再生纤维素纤维是以天然纤维素（棉、麻、竹、木材、芦苇、甘蔗渣等）为原料，经化学处理和机械加工制成的纤维。由于纤维素不能通过加热熔融的方式形成可用于纺丝的液体，所以只能寻找合适的溶剂将其溶解形成纺丝液，再纺制出纤维。再生纤维素纤维主要是根据纺丝溶剂的不同来进行分类的，主要有黏胶纤维、铜氨纤维、新溶剂法再生纤维素纤维和其他再生纤维素纤维。

❖❖**再生蛋白质纤维**

再生蛋白质纤维是指以从牛奶、大豆、花生、玉米等天然物质中提取的蛋白质为原料，经纺丝制得的纤维。由于纤维中含有多种氨基酸，所以与人体的皮肤有一定的相容性，不仅具有护肤作用，还具有良好的吸湿、透气性，良好的悬垂性和蚕丝般的光泽，可用于高档内衣和各种时尚面料。

❖❖再生壳聚糖纤维

壳聚糖是甲壳素脱乙酰基后的产物。甲壳素是自然界中含量丰富的有机再生资源，主要来源于虾蟹壳以及其他节肢类动物的外壳。再生壳聚糖纤维具有优异的生物相容性、安全、可降解、广谱抑菌、防霉祛臭、吸附螯合和人体亲和等性能，同时还具有很好的抗静电性、通透性和吸湿快干性以及快速止血等独特性能。壳聚糖长丝纤维可用于医用缝合线；壳聚糖短丝纤维可用于医用敷料等，以协助治疗烧伤、烫伤、冻伤及其他外伤，有促进伤口愈合和消炎抗菌的作用。

➜➜合成纤维

合成纤维是由低分子物质经化学合成为高分子聚合物再经纺丝加工而成的纤维。

❖❖涤纶

涤纶的基本组成物质是聚对苯二甲酸乙二酯，因分子链上存在大量酯基故称聚酯纤维。涤纶于 1941 年问世，1953 年投入工业化生产，目前产量居所有化学纤维之首。

涤纶纤维具有优越的力学性能，纤维强度大、弹性好、初始模量大、织物抗皱性好。在常用纺织纤维中耐磨性仅次于锦纶，织物坚牢耐用，可用于各种仿棉、仿毛、仿麻、仿真丝面料以及各种产业用纺织品，如轮胎帘子线、过滤布、施工布等。

❖❖锦纶

锦纶是聚酰胺纤维的商品名称。聚酰胺纤维是世界上最早实现工业化生产的合成纤维，1937 年美国杜邦公司首次合成了聚酰胺纤维，1938 年开始工业化生产。

锦纶是由熔体纺丝法制备的，纤维截面呈圆形，纵向平直光滑。锦纶纤维强度大，伸长大，耐磨性是常用纺织纤维中最好的，弹性是合成纤维中仅次于氨纶的，吸湿性在常用合成纤维中仅次于维纶，缺点是耐光性、耐热性较差。锦纶适用于对弹性或耐磨性要求较高的产品，如游泳衣、袜类、箱包、伞和绳类等，也可用于牙刷、轮胎帘子线、防雨绸等产品。

❖❖腈纶

腈纶是聚丙烯腈纤维的商品名称。腈纶一般采用熔体纺丝法制造，纤维纵向比较粗糙，类似树皮状，纤维结构中存在着微孔，微孔的大小和数量影响纤维的力学及染色性能。

腈纶手感柔软、弹性好，有"合成羊毛"之称，耐光性和耐气候性特别好，染色性也较好；缺点是易起球、吸湿性较差，对热较敏感，属于易燃纤维。腈纶是目前改性纤维中最为活跃的一支，有蓬松、共混、接枝等许多改性品种，主要用于仿毛面料、针织毛衫和仿兽皮、聚丙烯腈纤维，也是生产碳纤维的重要原丝之一。

❖❖丙纶

丙纶是等规聚丙烯纤维的商品名称,其高聚物是由丙烯加聚生成的。丙纶于 1955 年研制成功,目前是世界上第二大产量的纤维。

聚丙烯熔点较低,纤维采用熔体纺丝法制造,横截面为圆形,纵向平直光滑。丙纶的质地特别轻,密度约为0.91 克每立方厘米,是目前所有合成纤维中最轻的。丙纶的优点是强度大,弹性好,具有较好的耐化学腐蚀性,生产成本低;缺点是耐热性、耐光性较差,吸湿性、染色性很差。高强度的丙纶复丝和鬃丝是制造绳索、渔网、缆绳的理想材料,并较多地用于产业用纺织品,聚丙烯熔喷布是生产医用口罩的重要原料。

❖❖维纶

维纶是聚乙烯醇缩甲醛纤维的商品名称。维纶于 1940年投入工业化生产。维纶吸湿性在常用合成纤维中是最好的,有"合成棉花"之称。目前,维纶在服用领域的应用逐渐减少,而在一些特殊品种中表现出良好的市场前景,主要有可溶性纤维和高强高模纤维。可溶性纤维是纺织加工中伴纺、混纺交织的重要原料,也用于绣花底布。采用凝胶纺丝法制造的高强高模纤维在产业用纺织领域有重要的应用价值。

✛✛氨纶

氨纶是聚氨基甲酸酯纤维的简称，是一种弹性纤维。氨纶具有高延伸性、低弹性模量和高弹性回复率等特点。除强度较大外，其他物理机械性能与天然乳胶丝十分相似。

氨纶一般不单独使用，大多用于制造包芯纱，这种纱可获得良好的手感与外观，弹性回复率为 10％～20％，适用于可以拉伸的服装，如专业运动服、健身服和表演服等。

➡➡差别化纤维

"差别化纤维"一词来源于日本，它是指通过物理或化学改性使常规品种的化学纤维性能获得一定程度改善的纤维。差别化纤维以改进织物服用性能为主要目的，用于服装和装饰织物。

✛✛异形纤维

异形纤维是指用异形喷丝孔纺制的具有特殊横截面形状的化学纤维，具有特殊的手感和光泽，其蓬松性、耐污性、抗起毛起球性良好，还可以改善纤维的弹性和覆盖性。与圆形截面的纤维相比，三角形截面的纤维有闪光性，五边形截面的纤维有显著毛型感和良好的抗起球性，五叶形截面的复丝仿蚕丝效果好，中空截面的纤维密度小、保暖性和手感更好。

❖❖超细纤维

超细纤维一般是指纤维直径在 5 微米以下的纤维。超细纤维具有质地柔软、光滑、抱合好、光泽柔和等特点,织物手感柔软、细腻,保暖性和覆盖性好,有良好的悬垂性和独特的色泽,缺点是回弹性差、蓬松性差。超细纤维比表面积大,吸附性和除污能力强,可用来制作高级清洁布、高效过滤材料等。利用纤维纤细的特点,也可用于制造仿麂皮面料及鞋类和衣用合成革等。

❖❖复合纤维

复合纤维是将两种或两种以上的高聚物或性能不同的同种聚合物通过喷丝孔纺成的纤维。根据两种组分在纤维横截面上分布的方式不同,可分为并列型、皮芯型和海岛型三种。复合纤维横截面如图 13 所示。

(a)并列型　(b)皮芯型　(c)海岛型

图 13　复合纤维横截面

❖❖吸湿排汗纤维

吸湿排汗纤维一般具有 W 形或十字形的异形横截面,表面有较多孔洞,纵向有细微沟槽,能够迅速将皮肤表面的湿气与汗水经芯吸、扩散、传输的作用排出体外,使肌肤保持干爽与清凉,在运动装、训练服、衬衫、夹克、内衣、袜子等产品上有良好的应用价值。

➡➡ 功能纤维

功能纤维是满足某种特殊要求和用途的纤维,这种纤维不仅可以被动响应和作用,甚至可以主动响应和记忆。

✥✥ 抗静电纤维和导电纤维

常用的纺织纤维大多属于电绝缘体,纺织品相互摩擦时很容易产生静电,化纤面料在穿着过程中常常会产生排斥、纠缠、吸尘、贴肤、刺痛等静电障碍,影响服装的舒适性,在某些特定的场合还可能引发火灾、爆炸等事故。

抗静电纤维通常是指在标准状态下电阻率小于 1×10^{10} 欧姆·厘米 的纤维或静电荷逸散半衰期小于 60 秒的纤维。抗静电面料主要应用于防尘服、防静电服装等,用于医疗、制药、食品、精密仪器、航空航天等对静电比较敏感和对洁净度要求较高的行业。

导电纤维是指电阻率小于 1×10^{5} 欧姆·厘米的纤维。导电纤维主要有四种:金属系导电纤维、炭黑系导电纤维、导电型金属化合物纤维和导电高分子型纤维。金属系导电纤维采用将不锈钢、铜和铝等金属线反复通过模具拉伸的方法制造;炭黑系导电纤维可采用掺杂法、涂层法和纤维碳化法制造;导电型金属化合物纤维以铜、银、镍和镉的硫化物、碘化物或氧化物为导电材料,采用复合纺丝法、吸附法或化学反应法制造;导电高分子型纤维是由聚乙炔、聚苯胺、聚吡咯、聚噻吩等高分子导电材料直接纺丝制成的有机导电纤维。

❖❖变色纤维

变色纤维是一种具有特殊组成或结构,在受到光、热、水分或辐射等外界条件刺激后,颜色能够发生可逆改变的纤维。变色纤维主要有光致变色和温致变色两种,是通过在纤维中添加某些具有可逆变色性质的化合物来制备的。它可用于需要伪装隐蔽的军需装备、军服等;也可用于某些仪器、设备、管道的表面或外包装材料,以在温度变化时起到安全提示作用;还可用于娱乐服装、安全服和装饰品以及防伪标志等民用领域。除上述两种变色纤维外,近年来还出现了气致变色、辐射变色、生化变色等变色纤维。

❖❖相变纤维

相变纤维是指含有相变物质,能起到蓄热调温作用的纤维,也称空调纤维。相变纤维在环境温度较高时可以吸收热量并储存在纤维内部,当环境温度较低时,又会把这部分热量重新释放出来,从而维持一个舒适的衣内微气候。相变纤维的这种双向温度调节功能是天然纤维和普通化学纤维不具备的。相变纤维可以应用于空调鞋、空调服、空调手套，也可制成床上用品、毯子、窗帘、汽车内装饰和帐篷等。

❖❖ 高吸附纤维

高吸附纤维是指对气体或液体中的某些分子（如有毒有害的有机分子、重金属等）和微粒（如在微米尺度的 $PM_{2.5}$、PM_{10}、气凝胶颗粒、烟尘等）具有强吸附性的纤维。高吸附纤维有两个典型特征：一是具有极大的比表面积，主要通过超细化、纳米化或多孔化来实现，如气凝胶纤维，细度可达 1 微米左右，密度在 0.01 克每立方厘米以下；二是具有极强的表面吸附能力，可用于空气、水质的净化和颗粒物质的回收。

近年来，众多功能纤维被相继被开发出来，包括：远红外纤维、防紫外线纤维、阻燃纤维、抗菌纤维、吸水纤维、光导纤维（光纤）和香味纤维等。

➡➡ 高性能纤维

高性能纤维是对外界的作用不易产生反应、在各种恶劣条件下能保持本身性能的纤维。通常具有特别高的强度、模量，或能耐高温、耐各种化学药品等。这类纤维多使用高科技手段经复杂加工而制成，生产成本较高，最初只用于军事领域，随着技术进步，生产成本降低，逐渐用于各产业部门和民用领域。

❖❖ 对位芳纶和间位芳纶

对位芳纶大分子中苯环内电子的共轭作用,使纤维具有高化学稳定性,不易发生高温分解并且耐腐蚀;同时,苯环结构的刚性,使纤维具有高温尺寸稳定性。因此,对位芳纶强度高、模量高、柔性好、化学稳定性好,可作为各种复合材料的增强纤维,用于航空航天和国防军工领域,如空间飞行器、飞机等的内部及表面材料,可大大减轻飞行器的重量;也可用于宇宙飞船、火箭发动机外壳及直升机的叶片,起到增强、轻质、耐久的作用;还可用于制作防弹衣、防弹头盔、轮胎帘子线和抗冲击织物。

间位芳纶可用于防火帘、防燃手套、消防服、耐热工作服、飞行服、宇航服、客机的装饰织物、高温和腐蚀性气体的过滤介质层、运送高温和腐蚀性物质的输送带和电气绝缘材料等。

❖❖ 高强高模聚乙烯纤维

高强高模聚乙烯纤维外观为白色,密度比水小,是目前唯一能够漂浮在水面上的高性能纤维,具有优异的力学性能。其相对分子质量极高,纤维具有很高的比强度,相同质量下,是普通化学纤维和优质钢的 10 倍,比芳纶还高 40%,仅次于特级碳纤维,且耐光性好,在户外暴露 1 年以上其强度只稍有下降。就强度而言,高强高模聚乙烯纤维是目前已

纺织纤维:小纤维大应用

经实现工业化生产的纤维中强度最高的特种纤维。聚乙烯分子具有平面锯齿形结构，没有庞大的侧基，结晶度好，分子链内无较强的结合键。上述特点使其在纺丝过程中可以减小纤维结构出现缺陷的概率，并且能够顺利高倍热拉伸，从而成功制备出高强高模纤维。高强高模聚乙烯纤维主要应用于绳缆索网线类、防弹材料、复合材料的增强纤维等。

❖❖聚四氟乙烯纤维

聚四氟乙烯纤维简称氟纶，是由聚乙烯纤维中的所有氢原子被氟原子取代后得到的。氟纶是已知最稳定的耐化学作用和耐热的纤维材料，几乎不受任何化学试剂的腐蚀，可长时间在零下190摄氏度到零上260摄氏度的温度范围内使用，在零下260摄氏度仍不发脆，但延展性变差，极限氧指数值可达95％，是高氧环境中最难燃烧的有机纤维，摩擦系数是现有合成纤维中最小的。氟纶的独特性能，使其在宇航服、交通工具、过滤材料、医用纺织品等领域具有重要的应用价值。值得一提的是，膨化聚四氟乙烯是常见的小口径血管制备材料，由其制成的人工血管具有柔韧性好、弹性高、可任意弯曲而不瘪塌、易缝合和不漏血的优点。

❖❖碳纤维

碳纤维是指纤维化学组成中碳元素占总质量90％以上的纤维。碳纤维生产始于20世纪60年代末，目前商品化的碳纤维种类很多，一般可以根据原丝的类型、碳纤维的性能和用途进行分类。根据原丝类型划分，有聚丙烯腈基碳纤维、黏胶基碳纤维、沥青基碳纤维、木质素纤维基碳纤维和其他有机纤维基碳纤维等。在没有氧气存在的情况下，碳纤维能够耐受 3 000 摄氏度的高温，这是任何其他纤维无法与之相比的。碳纤维对一般的酸、碱有良好的耐腐蚀性。碳纤维主要用于制作增强复合材料，可用于航空、航天和国防军工、体育器材等产业。

纺织加工：纺织技术大跃迁

纤纤擢素手，札札弄机杼。

——《迢迢牵牛星》

▶▶纺纱——从无序到有序

纺纱是一项非常古老的活动，自史前时代起，人类便懂得将一些较短的纤维纺成长纱，然后再将其织成布。一万八千年前的山顶洞人已使用骨针引线，缝制兽皮以抵御寒冷。在六千多年前的新石器时代，古人就开始用葛纤维织出用于衣着的葛布。1979 年，福建崇安武夷山船棺中发现了一块距今三千两百多年的青灰色棉布。一件件纺织文物，是人类文明历史的最好见证。那么，人类是如何将自然界天然存在的无序纤维，变成可以进行织造加工的纱线的？现代化的纺纱工程是如何进行的？带着这些问题，让我们一起来了解纺纱加工过程吧。

➡➡ **纺纱基本原理**

纺纱的加工对象是纤维集合体。在成纱之前，纤维原料（纤维集合体）中含有大量的杂质，纤维的排列杂乱无章，每根纤维本身既没有伸直也没有一定的方向，而且纤维集合体的各项特性差异也很大，常因周围温、湿度的变化而改变，故纺纱必须使用机械、气流、化学等手段将离散的纤维原料加工成具备足够强力和一定外观特性的连续细缕（纱线），以满足下游织造、印染等工序的生产需要。

纺纱的实质是使纤维由杂乱无章的状态变为沿纤维轴向有序排列的加工过程。纺纱加工中，需要先把纤维原料中存在的局部横向联系彻底破除，这个过程叫作"松解"，并牢固建立首尾衔接的纵向联系，这个过程叫作"集合"。松解是集合的基础和前提。在目前的技术水平下，松解和集合还不能一次完成，要通过开松、梳理、牵伸和加捻等工序实现（图14）。

图 14　纺纱的基本过程

❖❖开松

开松是把纤维团扯散成小束的过程，古代利用振荡原理，使用弹弓开松原棉并清除部分杂质。现代纺纱技术通过角钉、刺辊等对纤维进行打击、撕扯等剧烈工艺，缩小纤维横向联系的规模，使纤维集合体由大块（团）变为小块（束），为以后松解到单纤维状态提供条件。

❖❖梳理

梳理是进一步松解纤维以获得单纤维状态的过程。古人使用自制的梳刷梳理羊毛纤维，提高纤维的平行度，并去除部分杂质。现代的纺纱技术采用梳理机件，利用梳理机件上包覆的密集梳针对纤维进行梳理，把纤维小块（束）进一步松解成单纤维。

❖❖牵伸

梳理后，纤维形成网状，可在喇叭口的集束作用下收拢成细长条子，初步达到纤维的纵向顺序排列。但这些纤维的伸直平行程度还远远不够。牵伸是通过牵伸机把梳理后的条子抽长拉细，使其中的卷曲纤维逐步伸直，弯钩逐步消除，提高纤维的伸直平行度，同时使条子获得所需要的粗细程度。牵伸使残留的横向联系有可能彻底破除，为建立有规律的首尾衔接关系创造条件。

❖❖加捻

加捻是利用回转运动，把牵伸后的须条（纤维伸直平行排列的集合体）加以扭转，以使纤维间的纵向联系固定起来的过程。古人最具代表性的加捻器件是纺锤。纺锤像陀螺那样旋转，通过控制纺锤的转动，就可以把松散的纤维捻紧成纱并缠绕在卷线棒上。这种原始的工具经改良后制成了纺车，以机械器件替代手工旋转的纺锤。

除了以上四个对成纱有决定影响的步骤外，纺纱还包括许多其他步骤，如混合、除杂、精梳、并合等，可使产品更加均匀和洁净，从而提高纱线质量。

➡➡纺纱工程

基于以上纺纱原理，要将纺织原料纺成符合一定性能要求的纱，需要依托各种技术手段，经过一系列机械加工过程。

❖❖初步加工工序

天然纺织原料中除可纺纤维外，还含有多类杂质，而这些杂质需要在纺纱前去除，去除杂质的过程即初步加工工序。各种纤维原料的初步加工工序因原料不同而有很大区别。初步加工工序的主要目的是除杂。

❖❖梳理前的准备工序

各种纤维原料梳理前的准备工序随原料的不同而有很

大区别。梳理前的准备工序主要有开松、除杂和混合。

棉纺梳理前的准备工序俗称开清棉。首先是按配棉规定来混合各原料成分,将大团状纤维进行初步开松、除杂和混合,制成较为清洁、均匀的棉卷或无定形的纤维层。

❖❖❖梳理工序

梳理工序是利用表面带有钢针或锯齿的工作机件对纤维束进行梳理,使其成为单纤维状态,然后进一步去除小的杂质疵点及部分短绒,使纤维较充分地混合。然后聚拢成均匀的条子,有规律地圈放或卷绕成适当的卷装。梳理工序完成梳理、除杂任务。

❖❖❖精梳工序

精梳工序特有的积极梳理能排除纤维丛中的短纤维、纤维结粒和杂质,并能显著地提高纤维的伸直平行。精梳工序进一步完成梳理、除杂任务。棉纺加工中,在将棉纺喂入精梳机前,需要经过精梳准备工序将从梳理机出来的生条制成适用于精梳加工的小卷。

❖❖❖并条工序

并条工序是运用牵伸、并合原理,使用并条机将并合在一起的若干根条子进行牵伸,制成具有一定线密度的均匀条子,并合能提高条子的均匀度,并使各种不同性质、色泽的纤维按一定比例均匀混合。并条工序完成条子并合、混合、牵伸任务。

粗纱工序是把均匀的条子进行牵伸以达到适当的细度。由于牵伸后的纤维须条较细而松散,极易产生意外伸长,因此一般采用真捻、加捻或假捻的方法来提高纱条的紧密度,赋予粗纱必要的强力。为了满足运输、储存和下道加工工序的需要,制成的粗纱要卷绕在粗纱管上。粗纱工序完成牵伸、加捻、卷绕成型任务。

✤✤细纱工序

细纱工序是将粗纱进一步牵伸、加捻,从而获得具有最终产品所要求的线密度强力和其他机械物理性能的连续细纱,然后卷绕在细纱管上,供下道加工工序使用。细纱工序完成牵伸、加捻、卷绕成型任务。

随着科技的发展及微电子技术、传感技术、变频调速技术与自由端纺纱技术的结合,涌现出了诸多新型纺纱技术。在环锭纺纱机上出现了如紧密纺、赛络纺、赛络菲尔纺、包芯纺,以及依靠转杯、气流等方式加捻的转杯纺纱、喷气纺纱、摩擦纺纱、自捻纺纱、涡流纺纱、平行纺纱等新型纺纱技术。新型纺纱技术不仅车速高,而且产品质量好,在工艺流程中,实现了纺纱工艺的短流程(如转杯纺纱取消了粗纱工序),为实现无人工序、无人车间及无人工厂的全自动化生产线创造

53

了条件。

值得一提的是，新技术的应用还为纺织面料超高支、轻薄化提供了可能。如利用如意纺技术可以使羊绒面料比最薄的蚕丝面料还薄。如意纺属于传统纺织技术理论的新型嵌入式纺纱技术，将原来分别由意大利、英国等创造的毛纺180公支和棉纺300英支的世界纪录，提高到现在的毛纺500公支和棉纺500英支，刷新了纺织技术的世界纪录。500英支的概念就是只有人的头发丝的二分之一的细度。依靠这一技术，以前不能大规模使用的木棉、汉麻等，都可以纺出细纱，织出高档面料，包括过去难以利用的落地毛、落地棉等"下脚料"也可以循环利用。

除普通纱线外，在普通的纺纱设备上和专用花式捻线设备上，利用色彩及纱线结构可以生产加工多种花式纱线。花式纱线具有十分鲜明的外观形态和丰富多彩的色彩。花式纱线的品种繁多，如彩点纱、彩段纱、大肚纱、竹节纱等，其结构丰富，在服装设计师手中总能展现出意想不到的花样，展示着丰富多彩的时尚。

▶▶织造——经纬的韵律

织造类面料主要分为机织物和针织物两大类。机织物是由相互垂直排列的两个系统纱线（经纱和纬纱），在机织机上按一定的规律交织成的制品。机织物应用最为广泛,它可经过染整加工成为漂白布、色布、印花布等,也可以用有色纱织造成色织布,还可以采用各种特殊整理而使织物具有特殊外观风格或特殊功能,如褶皱风格、抗菌防臭功能等。

➡➡织造工艺原理与加工过程

机织物的生产过程包括"络、整、浆、穿、织"五个主要工序,即络筒、整经、浆纱、穿(结)经和织造。

❖❖络筒

络筒是将管纱、绞纱加工成筒子的工序。络筒把纱线的小卷装卷成大卷装,增加卷装容量,利于后续工序提高效率且运输方便。

❖❖整经

整经是将一定数量筒子上的纱线退绕下来,按工艺要求的长度及宽度平行地卷绕成经轴,供浆纱或穿(结)经使用的工序。它包括分批整经、分条整经、球经整经和分段整经等。

❖❖浆纱

浆纱是将浆液粘附在经纱表面的工序。浆液烘干后形成柔、韧、弹的薄膜,使纱身平滑、毛羽伏贴、耐磨、抗静电等。该工序利于织造时开口清晰、断头少。

✦✦穿（结）经

穿（结）经是将织轴上的经纱按工艺上的规定，依次穿过经停片、综丝和钢筘的工序。

✦✦织造

织造是将经、纬两个系统的纱线在织机上交织成布的工序。不同织物应采用不同的织造设备及不同的工艺参数。

➡➡丰富多彩的织物

✦✦织物的分类

织物的种类繁多，不同的分类情况见表2。

表2　织物分类表

分类方法	主要类别
按原料分类	棉织物、毛织物、丝织物、麻织物、化纤长丝织物、化纤短纤维织物、混纺织物、交织物、矿物纤维织物、金属纤维织物等
按用途分类	服装用织物、服饰用织物、装饰用织物、产业用织物、复合材料增强用织物等
按结构分类	二维织物、三维与多维立体织物等
按花纹分类	平素织物、小花纹织物、提花织物（纹织物）等
按染整加工分类	白织物、色织物、半色织物等

✦✦织物的组织结构

织物的组织结构分为原组织、变化组织、联合组织和复杂组织四大类。

原组织是指在组织循环内的每根经纱(纬纱)只与纬纱(经纱)交织一次的组织。

变化组织是在原组织的基础上变化而成的,有改变组织点、浮长、飞数、织纹方向等数种,也可兼取几种变化方式。其织物较原组织织物色彩更丰富。

联合组织是由两种或两种以上的原组织或变化组织,运用各种不同的方法联合而成的组织。联合组织在织物表面呈现几何图形或小花纹等外观效果。

复杂组织包括多重组织、双层与多层组织、起毛起绒组织、纱罗组织和三维组织等。

❖❖❖ 中国具有时代特色的绫、罗、绸、缎

绫、罗、绸、缎是中国传统丝绸纺织品的四个品种。绫为斜纹组织,特征是疏松轻薄,多用于锦盒包装、书画装裱。罗含有罗网之意,罗织物(图15)质地轻薄、丝缕纤细、透空露孔,是夏装的上等衣料。绸为平纹织物,是最常见的丝织物,面料平滑细腻,用途广泛。缎是采用缎纹组织的丝织物,是高级丝绸面料,正面光滑,色彩华丽,反面无光,适用于高级礼服。

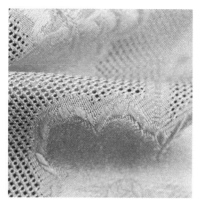

图 15　罗织物

❖❖中国最负盛名的丝织物——四大名锦

　　蜀锦(图 16)主要是指四川成都地区制造的花锦。战国时期，蜀锦已成为重要的贸易品。蜀锦始于汉，盛于唐宋，衰于明末，清代中晚期得以恢复，近代再次陷入危机。蜀锦多以经向彩条为基础，以彩条起彩、彩条添花为特色。

图 16　蜀锦

壮锦(图17)据传起源于唐宋时期,是壮族文化瑰宝。壮锦用棉、麻线做地经和地纬,用粗而无拈的真丝做彩纬织入起花,在织物正反面形成对称花纹,并将地组织完全覆盖,增大织物厚度,用于制作衣裙、巾被、背包和台布等。

图 17　壮锦

宋锦(图18)为宋代发展起来的织锦,因主要产地在苏州,故称"苏州宋锦"。苏州宋锦的渊源可追溯至春秋时期,清康熙、乾隆年间(1662—1795 年)是宋锦在历史上的全盛时期。

图 18　宋锦

纺织加工：纺织技术大跃迁

云锦(图19)是世界珍贵的历史文化遗产之一,是南京传统的提花丝织工艺品,始于南北朝。南京云锦是苏州缂丝衍生出来的附属品。

图 19　云锦

▶▶针织——圈圈的艺术

随着时代的发展,人们对衣服面料的舒适性有了更高的要求。针织面料由于良好的舒适性满足了现代人的服用需求,因而得到了广泛的应用。

➡➡针织物的基本概念

针织物由针织机将纱线弯曲成线圈后再经纵向串套和横向连接而成。根据针织物编织工艺的不同,针织物又可分为纬编针织物和经编针织物两大类,针织机也相应地分为纬编针织机和经编针织机两大类。

❖❖纬编针织物

一根或若干根纱线从纱筒上引出，沿着纬向顺序垫放在纬编针织机相应的织针上形成线圈，并且在经向相互串套形成了纬编针织物。纬编针织物的每一横行的所有线圈由一根（或几根）纱线组成。图20所示为纬编针织物。

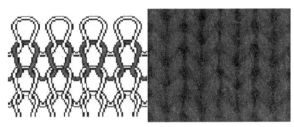

图20　纬编针织物

❖❖经编针织物

经纱从经轴上同时引下，穿入导纱梳栉的导纱针，导纱针围绕织针运动（前后摆动、左右横移），织针同时做上下运动，由此将纱线垫在针上，并在所有工作针上同时成圈，即一组或几组平行排列的纱线由经向喂入平行排列的工作织针，同时成圈，经此过程形成的针织物为经编针织物。经编针织物每一横行由一组或几组平行排列的纱线组成，一根纱线在一个横行内只形成一个（或两个）线圈。图21所示为经编针织物。

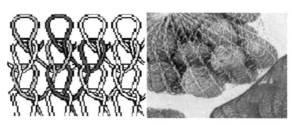

图 21　经编针织物

➜➜针织物的基本结构单元

　　线圈是几何形态呈三维弯曲的空间曲线，它是组成针织物的最小基本结构单元，也是针织物有别于机织物和非织造织物的一个重要特征。

❖❖线圈的结构

　　在图 22（a）所示的纬编线圈结构图中，线圈由圈干1－2－3－4－5和沉降弧5－6－7组成，圈干包括线段状的圈柱1－2 与4－5和针编弧2－3－4。在图 22（b）所示的经编线圈结构图中，线圈由圈干1－2－3－4－5和延展线5－6组成，圈干包括线段状的圈柱1－2 与4－5和针编弧2－3－4。

　　如图 22 所示，对于在线圈纵列方向上，两个相邻线圈对应点之间的距离称为圈距，用 A 表示。在线圈横行方向上，两个相邻线圈对应点之间的距离称为圈高，用 B 表示。

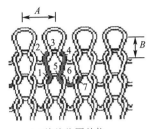
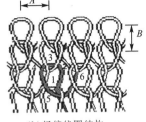

(a)纬编线圈结构   (b)经编线圈结构

图 22　线圈的结构

❖❖❖**线圈的横行与纵列**

对于经、纬编针织物来说，所有工作织针同时形成的一行线圈称为横行，垂直方向上的相互串套的一列线圈称为纵列(图 23)。

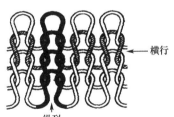

图 23　线圈的横行与纵列

❖❖❖**线圈的密度**

线圈的密度分为横密和纵密。横密是指沿着针织物的横行在规定长度内的线圈个数，纵密是指沿着针织物的纵列在规定长度内的线圈个数。针织物的规定长度一般是 5 厘米。

纺织加工：纺织技术大跃迁

➡➡针织物的编织过程

针织物在针织机上的编织过程可以分为给纱、成圈和牵拉卷取三个阶段。

✤✤给纱

纱线从筒子或轴上退绕下来后输送到针织机的成圈编织区域，这个阶段称为给纱。

✤✤成圈

纱线在针织机的编织区域，按照不同的编织工艺，形成线圈并最终通过线圈串套形成针织物的阶段称为成圈。

✤✤牵拉卷取

将针织物从成圈区域引出，卷绕成一定形式的卷装，这个阶段称为牵拉卷取。

➡➡针织物的组织

针织物的组织一般可以分为基本组织、变化组织和花色组织三类。

✤✤基本组织

基本组织由线圈以最简单的方式组合而成，是针织物各种组织的基础。纬编针织物的基本组织有平针组织、罗纹组织和双反面组织等。经编针织物的基本组织有编链组织、经平组织、经缎组织、重经组织和罗纹经平组织等。

✤✤变化组织

变化组织由两个或两个以上的基本组织复合而成，即在一个基本组织的相邻线圈纵列之间，配置另一个或者几个基本组织，以改变原来组织的结构与性能。纬编针织物的变化组织有变化平针组织、双罗纹组织等。经编针织物的变化组织有变化经平组织、变化经缎组织等。

✤✤花色组织

纬编针织物的花色组织一般是通过改变或者取消成圈过程中的某些阶段，或者引入附加纱线或其他纺织原料，或者对旧线圈和新纱线引入一些附加阶段，或者将两种或两种以上的组织复合而形成的。经编针织物的花色组织是在经编针织物的基本组织或变化组织的基础上，利用线圈结构的改变，或者另外加入色纱、辅助纱线或其他纺织原料，以形成具有显著花色效应和不同性能的组织。

▶▶非织造是何方神圣？

非织造材料又称为非织造布、非织布、非织造织物、无纺织物或无纺布。根据中华人民共和国国家标准《纺织品·非织造布 术语》(GB/T 5709－1997)，非织造材料是指定向或随机排列的纤维通过摩擦、抱合或粘合或者这些方法的组合

纺织加工：纺织技术大跃迁

而相互结合制成的片状物、纤网或絮垫。不包括纸、机织物、针织物、簇绒织物、带有缝编纱线的缝编织物以及湿法缩绒的毡制品。所用纤维可以是天然纤维或化学纤维；可以是短纤维、长丝或当场形成的纤维状物。为了区别湿法非织造材料和湿法造纸，还规定了其纤维成分中长径比大于 300 的纤维（占全部质量的 50％以上或占全部质量的 30％以上，但其密度小于 0.4 克每立方厘米）属于非织造材料，反之则为纸。

➡➡非织造的基本原理

传统的机织物和针织物是以纤维集合体为基本材料，经过交织或编织来形成规则的几何结构。非织造材料与传统纺织品有很大差异，非织造工艺是让纤维呈单纤维分布状态后形成纤维集合体（纤网）。典型的非织造材料，通常呈由单纤维组成的网络状结构，要达到结构稳定，必须通过施加黏合剂、热黏合、机械缠结等手段予以加固。

✛✛原料的选择

原料的选择通常基于成本、可加工性和纤网的最终性能要求考虑。纤维是所有非织造材料的基础，大多数天然纤维和化学纤维都可用于非织造材料。原料还包括黏合剂和后整理化学试剂。

✛✛✛成网

将纤维形成松散的纤维网结构称为成网。此时所成的纤网强度很低,纤网中的纤维可以是短纤维也可以是连续长丝,主要取决于成网的工艺方法。

❖❖ **纤网加固**

纤网加固是通过相关的工艺方法对松散纤维层进行加固,赋予其物理机械性能和外观。

❖❖ **后整理**

后整理旨在改善产品的结构、手感及性能,经整理后,非织造材料在成形机上转化成最终产品。

➡➡ **非织造材料的分类**

非织造材料可以按照成网方式、纤网加固方式、纤网结构或纤维类型等多种方式进行分类。一般多用成网方式和纤网加固方式分类,图24为非织造材料基于成网方式和纤网加固方式的分类。

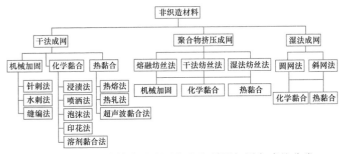

图24 非织造材料基于成网方式和纤网加固方式的分类

❖❖按成网方式分类

根据非织造学的工艺理论和产品的结构特征,非织造的成网技术大体上可以分为干法成网、聚合物挤压成网和湿法成网。

在干法成网过程中,天然纤维或化学短纤维通过机械成网或气流成网制得。聚合物挤压成网利用的是聚合物挤压的原理和设备,代表性的纺丝方法有熔融纺丝法、干法纺丝法和湿法纺丝法。湿法成网是以水为介质,使短纤维均匀地悬浮在水中,并借水流作用,使纤维沉积在透水的帘带或多孔滚筒上,形成湿的纤网。

❖❖按纤网加固方式分类

纤网的加固工艺可以分为机械加固、化学黏合和热黏合。在机械加固中,非织造纤网通过机械的方法使纤维相互交缠得到加固,如针刺法和水刺法。在化学黏合中黏合剂乳液或黏合剂溶液在纤网内或周围沉积,然后通过热处理得到黏合。黏合剂通常经过喷洒、浸渍或者印花等方法附着于纤网表面或内部。在喷洒法中,黏合剂经常停留在纤网材料表面,蓬松度较高。在浸渍法中,所有的纤维相互黏合使得非织造材料僵硬、刻板。印花法给予纤网未印花区域较好的柔软性、通透性和蓬松性。热黏合是将纤网中的热熔纤维在交叉点或轧点受热熔融后固化而使纤网得到加固。热熔的工艺条件决定了纤网的性质,最显著的是手感和柔软性。

➡➡非织造材料的特点

非织造材料采用的原料、加工工艺技术的多样性,决定了非织造材料的结构、外观具有多样性。从结构上看,大多数非织造材料以纤维网状结构为主,但也有纤维呈二维排列的单层薄网几何结构或三维排列的网络几何结构,有纤维与纤维缠绕而形成的纤维网状结构、有纤维与纤维之间在交接点相黏合的结构、有由化学黏合剂将纤维交接点予以固定的纤维网状结构,还有纤维集合体形成的几何结构。从外观上看,非织造材料有布状、网状、毡状和纸状等。

原料选择、加工技术的多样性决定了非织造材料性能的多样性。有的材料柔性很好,有的材料硬挺度高;有的材料强度很高,有的材料强度却很低;有的材料很密实,有的材料却很蓬松;有的材料的纤维很粗,有的材料的纤维却很细。这就是说,可根据非织造材料的用途来设计材料的性能,进而选择确定相应的工艺技术和纤维原料。

➡➡非织造材料的主要应用

非织造材料已广泛地应用到环保过滤、医疗、卫生、保健、工业、农业、土木水利工程、建筑等多个领域。

❖❖医用卫生材料

利用非织造材料制造的医用材料有医用普通口罩、医用外科口罩、医用防护口罩、医用防护服、隔离服、手术衣、手术床单、手术帷幔、医用敷料、医用绷带等，起到隔离防护、创面愈合、包扎固定等作用。利用非织造材料制造的卫生材料有婴儿纸尿裤、成人失禁垫等，起到吸收尿液、保持皮肤干燥、减少细菌污染等作用。

❖❖土工合成材料

土工合成材料是土木工程应用的合成材料的总称。作为一种土木工程材料，它是以人工合成的聚合物（如塑料、化纤、合成橡胶等）为主要原料，制成各种类型的产品，置于土体内部、表面或各种土体之间，起到加强或保护土体的作用。利用非织造材料制造的土工合成材料有土工布、土工布膜袋、防渗土工布、复合型土工膜、土工生态袋等。

❖❖过滤材料

利用非织造材料制造的过滤材料作为一种新型的纺织过滤材料，以其优良的过滤效能、高产量、低成本、易与其他过滤材料复合且容易在生产线上进行打褶、折叠、模压成型等深加工处理的优点，逐步取代了传统的机织和针织过滤材料，在各行各业中得到了广泛应用，其用量越来越大。非织造过滤材料分为气相/液相过滤材料，代表性的气相过滤材料的应用如图 25 所示。常见的有室内空气净化器、汽车尾气过滤器、高温过滤袋、汽车空气净化器和个人作业防护面罩等。气相过滤材料约占过滤材料市场的三分之一，是过滤材料中用量增长最快的材料之一。非织造材料在过滤领域的应用技术越来越成熟，应用范围越来越广泛，潜在的市场非常巨大，这也为非织造材料的广泛应用创造了更大的机遇。

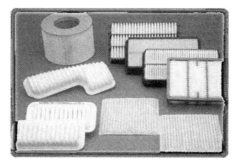

图 25　气相过滤材料的应用

❖❖❖**车用材料**

随着全球汽车工业的不断发展以及人们环保意识的不断增强，汽车工业在不断寻求成本低、可回收利用的新材料，而非织造产品因工艺流程短、生产成本低、用途广泛，在车用纺织品中有很大的应用空间，可用作汽车地毯、座椅填充材料、吸声材料、汽车内壁装饰、车罩、汽车表面擦拭材料等（图26）。

纺织加工：纺织技术大跃迁

图 26　车用材料

❖❖建筑装饰用材料

　　用于建筑装饰领域的非织造材料，一般为针刺非织造材料，可做防水油毡基布、建筑隔音材料、建筑保温棉、无缝墙布、沙发人造革、席梦思内衬和窗帘等。与无机材料相比，非织造材料具有质轻、柔软、颜色丰富、易于加工的优点。非织造材料中纤维在纤网中以不同的形式存在，以不同的方式连接、缠结，纤维间存在大量的相互连通的孔隙，满足吸声材料与保温材料的结构需求，应用领域广泛，适用于 KTV、办公室、酒店、影院、体育馆、会议室等多种建筑装饰领域。

染整加工：纺织的色彩及美学

青，取之于蓝，而青于蓝。

——《荀子·劝学》

▶▶染色——青出于蓝的色彩美学

➡➡染料染色

当您看到这段文字的时候，请低头看看自己穿的衣服是什么颜色。如果不是白色，那么衣服上的颜色从何而来？

❖❖染料和颜料

染料是能使一定颜色附着在纤维上的一类有色有机化合物，且能保持一定的染色牢度和鲜艳度，如图 27 所示。染料在染色的时候可以被转变为可溶状态。

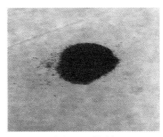

图 27　染料

颜料是用来着色的粉末物质,它与染料的区别在于,颜料不溶于水,且不溶于有机溶剂,需要靠黏合剂黏附于纤维表面。

❖❖❖染色助剂

为了保证纺织品染色加工的顺利进行,减少染色时间,节约能源,降低成本,提高产品价值,在染色过程中加入适当的染色助剂是必不可少的。染色加工过程中的染色助剂有匀染剂、分散剂、固色剂和增溶剂等。

匀染剂大部分属于水溶性的表面活性剂,可以使织物表面颜色深度、色光和亮度达到一致。

分散剂可以将一些不溶性固体物质的微小粒子均匀地分布在液体中,所以在使用分散染料进行染色时,由于分散染料在水中的溶解度很小,须以分散性助剂使之形成极细的分散体。

固色剂是可以提高染料在织物上耐湿程度、汗渍牢度所用的助剂,有时还可提高日晒牢度。一般用于提高直接染料、活性染料和酸性染料的染色牢度。

增溶剂是具有增溶能力的表面活性剂。根据相似相溶原理,使非极性的碳氢化合物溶解于胶束内疏水基团集中的地方,用来增大一些溶解性差的染料在溶液中的溶解度。

✤✤染色方法

染色方法按纺织品形态的不同主要有:散纤维染色、纱线染色和织物染色。散纤维染色多用于混纺织物、交织物和厚密织物所用纤维的染色,具有丰富产品色彩、减少纱线色差、增加产品朦胧效果等特点。纱线染色多用于纱线制品和色织物或针织物所用纱线的染色,具有染色牢度强、图案立体、风格独特等特点。织物染色的应用最为广泛,可用于机织物或针织物的染色,也可用于纯纺织物或混纺织物的染色。

除上述方法外,还有原液着色和成衣染色。原液着色是在纺丝液中加入染料,制成有色原液,然后进行纺丝,从而得到有色纤维的加工方法。原液着色产品的染色牢度较好,对环境污染少,用常规染色方法难以染色的合成纤维可以用这种方法上染。成衣染色最初多用于衣服的复染及改色,由于人民生活水平的提高,目前这方面的应用已不多了,现主要用于白坯成衣的染色。成衣染色的优点是可小批量生产,交货时间短,能适应市场的变化,而且成衣染色的产品具有柔软、蓬松、手感好和不缩水的特点。

根据把染料施加于被染物和使染料固着在纤维中的方式不同,染色方法可分为浸染(或称竭染)和轧染两种。浸染是将纺织品浸渍在染液中,经一定时间使染料上染纤维并固着在纤维中的染色方法。轧染是将织物在染液中浸渍后,用轧辊轧压,将染液挤入纺织品的组织空隙中,同时将织物上多余的染液挤除,使染液均匀地分布在织物上,再经过汽蒸或烘焙等后处理使染料上染纤维的过程。

❖❖染色工艺

寻找到合适的染色方法后,根据不同染料以及需要上染的纤维类型,控制好上染温度、上染时间、染色助剂等工艺要素,以达到良好的染色效果。

上染温度对提高染色质量至关重要,温度会影响纤维的膨化程度和染料的性能。

上染时间与染料分子在纤维上的扩散和结合相关,上染时间一般取决于要求的染色深度以及强度。

在染液中加入匀染剂、固色剂、柔顺剂等染色助剂,有助于上染面料的色泽鲜艳、颜色牢固、手感柔顺。

❖❖染色对环境、健康、安全等的影响

在染色的过程中,染料通常不会主动吸附到纤维表面并渗透进纤维内部，所以需要根据染色的纤维种类，构建一个特殊的环境，促进染料和纤维之间的吸附。例如，涤纶纤维因结构致密，需要在高温高压的环境下才能进行染色。构建一个高温高压的环境需要大量的能源，这就导致了染色工序会产生大量的废水以及消耗大量的能源，对环境造成较大的影响。染色产生的废水主要为染料和染色助剂，有机物含量多，且有可能含有大量重金属离子。所以，染色废水的排放会对环境造成严重的污染。

有些染料对人体的健康和安全有一定的影响。在服用纺织品中，除了致敏染料和致癌染料能直接对人体健康产生危害，禁用的偶氮染料也会造成皮肤过敏，甚至增加患癌的风险。禁用的偶氮染料在染色工艺不合格、染色牢度欠佳的情况下，易于脱落，会直接与人体皮肤接触。此时，人体皮肤上的细菌会将禁用的偶氮染料分解成多种具有致癌作用的芳香胺，而芳香胺的良好脂溶性可以使其通过人体皮肤屏障，到达体内。此外，芳香胺的良好脂溶性还会加速其透过细胞膜，直接作用于遗传物质 DNA，对 DNA 的转录复制翻译等正常生理过程造成干扰，从而增加人体患癌的风险，对人体健康安全造成较为严重的影响。

➡➡结构色

结构色不依赖染料或颜料，是由于材料表面的微纳结构与光的相互作用产生的颜色。结构色可分为以下四类：光的干涉产生的结构色、光的散射产生的结构色、光的衍射产生的结构色和光子晶体产生的结构色。以下以光的干涉和光子晶体产生的结构色为例简要说明。

❖ ❖ 光的干涉

光的干涉是振动频率相同、相位差恒定、方向相同的两列甚至是几列光波在空间相遇时相互叠加产生的现象。当自然光射入连续的薄膜，入射光在薄膜上表面反射后得到第一束光，透过薄膜产生的折射光经薄膜下表面反射，又经上表面折射后得到第二束光，这两束光在薄膜的上表面相遇发生干涉，产生了特定波长的可见光，这就是我们所说的结构色。多层膜的干涉可以看作若干层单层膜呈周期性交叉堆积后，自然光射入其中产生一系列干涉作用的结果，例如蝴蝶（图28），它翅膀上鲜艳的颜色就是多层膜干涉作用的结果。在纺织领域，日本帝人公司根据自然界中蝴蝶翅膀表面对光的干涉产生结构色的原理，开发出在扁平截面上多个PET/PA薄层交替紧密叠合而成的中空纤维。美国一家公司也应用薄膜干涉产生结构色的原理，推出了超细闪光纤维。

图 28　蝴蝶

❖❖光子晶体

光子晶体是一种将折射率不同的两种介质周期性排列构成的介质材料。由于其特殊的周期性排列结构，光子晶体结构内部会形成光子禁带，某一波长范围的光不能在此介质材料中传播。当自然光进入光子晶体中，特定波长范围的光在光子禁带反射出去，并在晶体表面发生相干衍射，从而能够显示出明亮的结构色，这种现象也叫作布拉格衍射。光子晶体通过吸收和折射不同波长的可见光，以及反射、衍射、干涉等物理现象，最终在人眼中呈现出颜色。例如，自然界中孔雀羽毛表皮存在二维光子晶体结构。

▶▶印花——进阶的时尚之路

➡➡印花与印花技术

印花是使用染料或涂料通过特定的加工方式在织物上

形成图案的过程。从着色的角度看，印花也可以理解为局部的染色，如图 29 所示。

图 29　印花

印花技术是指为了完成纺织品的印花所采取的相应技术手段。印花图案的设计是将所设计的图案按照色彩进行分色描样，使用分色描样的成果进行制网雕刻，对所设计的印花图案中的各种颜色进行工艺打样，调制出符合图案设计颜色的色浆，再将色浆和所制作的网版结合进行印花，最后经过蒸化、水洗、固色等一系列后处理，得到印花纺织品。

➡➡印花技术分类

✥✥按工艺分类

印花技术按工艺可分为直接印花、防染印花、拔染印花、烂花印花、植绒印花和发泡印花。

直接印花是将含有染料的色浆直接印在白布或浅色布

上，印花色浆处染料上染，获得各种花纹图案，未印处地色保持不变。其特点是印花工序简单，适用于各类染料，可应用于各类织物。

防染印花是指在尚未染色的织物上印制能阻止染料上染的印浆（称为防染浆），经染色后，因印花处染料不能上染，从而形成花形的印花工艺。

拔染印花是指在已经染色的纺织物上印花，使地色染料局部破坏、消色而获得花纹图案的印花工艺。印浆中不加染料的拔染称为拔白。所得图案，色彩鲜艳、花形边界清晰、干净，但工艺复杂、周期长，且地色染料选择受限制。图30为防染印花和拔染印花产品。

(a)防染印花产品　　　　　　　(b)拔染印花产品

图30　防染印花和拔染印花产品

烂花印花是将多种纤维交捻或将混纺交织织物用化学药品进行调浆印花，经过一定处理，使织物中不耐某种化学药品的纤维成分烂掉，而另一种纤维保留的印花工艺。图31

染整加工：纺织的色彩及美学

为烂花印花产品。

图 31　烂花印花产品

植绒印花是利用高压静电场在坯布上面栽植短纤维的一种印花方式,即在承印物表面印上黏合剂,再利用一定电压的静电场使短纤维垂直加速植到涂有黏合剂的坯布上。

发泡印花是一种具有特殊效果的印花工艺,其将含有发泡剂的树脂涂料色浆印到织物上以后,经高温汽蒸,所印的花纹会发起泡来,呈浮雕效果。

❖❖按机器分类

印花技术按机器可分为平网印花、圆网印花和滚筒印花。

平网印花是指印花筛网为平板的一种印花方式。平网印花的特点是花形大小和套色数不受限制,印花时织物基本不受张力,因此适用面广(宽的窄的、松的紧的、薄的厚的都适用),加工灵活(匹布、衣片、成衣都可印制),适于小批量、多品种的产品,印制精细度好,制版成本低,网框可重复使用,但生产效率低,流程长,占地面积大。目前装饰布、毛毯等宽幅产品多使用该设备印制。

圆网印花是指印花筛网为圆筒的一种印花方式。圆网印花的特点是流程短,印花速度快(印花布速一般为每分钟60~70米,最高可达每分钟110米,接近滚筒印花的水平),花版制作周期短、成本低,对花方便,劳动强度低。但印花花回长度受到圆网周长的限制,印制精细度较差(稍逊于滚筒印花),但已有所改进,适用于印制直线条形图案,织物粘贴于橡胶导带上,适用于印制容易变形的织物,也适用于印制宽幅织物。目前大多数的印花产品都是由圆网印花机印制的。

滚筒印花即通常所说的机器印花,是按照花纹的颜色在由铜制成的印花花筒上刻成凹形花纹,将刻好的花筒安装在滚筒印花机上,即可印花。滚筒印花的特点是速度快,适用于大批量生产,印制效果精细,花纹轮廓清晰。但花筒的制作成本高,花形的循环受花筒直径的限制,被印制的织物受到的张力较大,不适用于轻薄易变形的织物(如针织物),色泽鲜艳度差,而且生产人员的技术培训复杂,劳动强度高。

➡➡新型印花技术

✥✥喷墨印花

20世纪70年代,数码喷墨印花技术出现,但直到

染整加工:纺织的色彩及美学

20 世纪 80 年代,该技术所印制出的图案的分辨率还比较低,仅适用于印制地毯等。20 世纪 90 年代,荷兰 Stork 公司推出 Amber 数码印花机。日本 Seiren 公司是世界上第一个把数码喷墨印花技术产业化的公司,喷墨印花机采用的是按需喷墨技术。

中国的数码喷墨印花技术起步较晚,真正将此技术应用于工业生产的应属杭州宏华数码科技股份有限公司。该公司于 1997 年开始研究数码印花技术在纺织工业领域的应用,并于 2000 年研制出国内第一台数码喷墨印花机。2018年初,"超高速数码喷印设备关键技术研发及应用"荣获国家技术发明奖二等奖。与传统的圆网印花或者平网印花相比,数码喷墨印花不需要分色描稿、制片、制网,不仅节省了大量的制版成本,而且省去了大量的制版时间和空间,缩短了生产周期,同时生产更灵活,可以根据客户的要求及时、灵活地变换印花图案。该操作可在计算机上完成,不需要再重新制版。

❖❖❖ 转移印花

转移印花技术始于 20 世纪 60 年代末,是依靠染料的升华和染料蒸气对纤维具有扩散和亲和力的作用来完成着色效应的一种印花工艺。转移印花是无水加工中具有实际意义的一种印染生产方法。除了不用水外,还有一个主要的特点是纸张变形小,因此可以印制精细、多层次的花形及摄影图片,把花形图片真实地转移到布上,其效果通常比一般防染印花和拔染印花更好。

❖❖泡沫印花

20 世纪 70 年代末 80 年代初,泡沫印花技术首次应用于纺织品印染行业。在泡沫印花加工过程中,用于配制染料、化学药品或表面活性剂等助剂的水大都被空气所替代,因此该工艺相对传统印花工艺耗能耗水量更少。同时用空气替代大部分染料进行印花后,所得织物手感柔软,无须经高温退浆、皂洗或还原清洗,可达到节能减排的目的。

▶▶整理——功能纺织的魔法棒

功能性和智能性纺织品在人们生活中有着重要的作用,纺织品功能和智能整理是赋予纺织品高附加值的关键技术之一。整理技术使织物具有色彩效果、形态效果(绒面、光洁、挺括)以及抗皱、防水、拒油、抗菌和阻燃等功能,是一种使用化学或物理的手段赋予其特殊性能的工艺方法。整理方法可以分为化学方法和物理方法,包括基本整理、外观整理和功能整理。

基本整理包括手感整理和定型整理;外观整理包括轧光整理、电光整理、轧纹整理和增白整理;功能整理包括阻燃整

染整加工:纺织的色彩及美学

理,抗菌整理,抗静电整理和防水、拒水、拒油整理等。下面以功能整理为例介绍一下整理方法。

➡➡阻燃整理

纺织品引起的火灾会对人身安全和经济造成巨大损失,所以对纺织品的阻燃整理十分重要。对纺织品进行阻燃整理,将极大提高纺织品的阻燃能力,降低火灾事故发生的风险。

常见的织物阻燃整理方法有浸轧烘焙法、浸渍烘燥法、涂布法和喷雾法。

浸轧烘焙法是较为常见的阻燃工艺,处理过程为将阻燃整理液通过轧车浸轧在织物上,然后经过预烘、烘焙使得织物与阻燃剂结合在一起,达到耐久性的阻燃效果。

浸渍烘燥法的处理过程为将织物置于阻燃整理液中浸渍一定的时间后取出烘干。

涂布法适用于不溶于水的阻燃剂,一般应用于较厚重、对手感和透气性要求不高的织物。涂布法工艺过程为将阻燃剂和黏合剂混合起来涂抹在织物的表面,烘干后阻燃剂依靠树脂的黏合性会固着在织物上达到阻燃效果。

喷雾法包括机械连续喷雾法和手工喷雾法。机械连续喷雾法适用于有绒头、簇绒等的起毛织物,手工喷雾法适用于无法在常规机器上进行整理的大型且厚重的织物。

➡➡抗菌整理

我们生活中的菌类以多种方式存在,有的对人类有益,比如蘑菇、木耳、灵芝等可以作为食材、药材等;有的可用于生产工业原料,加工食品以及生产抗生素等;有的对人类生活会造成不便,比如使食物发霉变质、腐化,同时也会危害人体健康。

✤✤抗菌的机理

目前,抗菌机理主要有三种:有控释放原理、再生原理、障碍或阻塞作用原理。通过菌体蛋白质变性或沉淀,抑制或影响细胞的代谢,破坏菌体细胞膜等作用,来避免病原体的交叉感染,从而阻止异味产生,保护纺织品,使其免于沾污、变色和变质,从而起到抗菌整理的作用。

有控释放原理指的是经过抗菌整理的织物,在一定条件下,缓慢释放出抗菌剂,抑制微生物的繁殖甚至杀死微生物。在此技术的基础上,人们发明了微胶囊技术,原理相同,只是抗菌整理剂被包含在一个微胶囊内,微胶囊表层是树脂,这层树脂被紫外线照射或者淋湿后就会发生降解,里面的抗菌剂就会被释放出来,从而达到抗菌的目的。

染整加工:纺织的色彩及美学

再生原理与有控释放原理不同，这些覆盖在织物表面的整理剂并不具有抗菌、杀菌的作用，这些整理剂在紫外线照射或洗涤条件下，化学键发生断裂，而不断产生有效的抗菌剂。这种技术避免了抗菌棉织物不耐水洗的问题，而且触发生成抗菌剂的条件简单，有利于日常使用。

障碍或阻塞作用原理简单来说，就是在织物表面覆盖一层膜，不让微生物进入织物或让微生物无法在织物中生长，从而达到抗菌的目的，但由于这种技术的耐洗涤性不好，抗菌效果不持久，故许多厂家通常不采用这种方法进行生产。

❖❖抗菌整理方法的分类

织物的抗菌整理方法按生产方式可分为两种：一种是将织物织造后进行整理，使其获得抗菌效果；另一种是先制成抗菌纤维，然后再经过织造，形成抗菌织物。第一种方法工艺较为简单，加工成本低，可选择的抗菌剂也较多，但抗菌效果不太持久，耐洗涤性不好。第二种方法虽然抗菌效果好，但工艺较复杂，加工成本较高，抗菌剂的选择也比较有限。在实际生产中，考虑到经济效益问题，一般选用的是第一种抗菌整理方法。

织物的抗菌整理方法按照抗菌剂的种类进行分类，可分为有机抗菌剂抗菌法、无机抗菌剂抗菌法和天然抗菌剂抗菌

法。抗菌剂的选用也需要一定的限制。首先,抗菌剂要绿色
环保,不会对人体及环境产生危害;其次,抗菌剂要具有较好
的广谱抗菌能力,抗菌效果较好;再次,抗菌剂抑菌效果要
好,能耐水洗,热稳定性好;最后,抗菌剂的使用不能过度影
响纤维及织物原有的力学性能,也不能对色泽、染色性能造
成影响。

➡➡**抗静电整理**

纺织静电的产生机理是摩擦起电,摩擦起电过程如图32
所示。日常生活中的静电会对人产生一些危害。织物在使
用过程中会与其他物体摩擦而产生静电,在产生静电后,空
气中的灰尘会被吸附,时间久了会沾在衣物上,甚至会对皮
肤带来伤害。

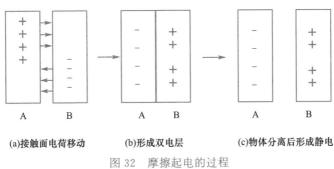

(a)接触面电荷移动　　(b)形成双电层　　(c)物体分离后形成静电

图32　摩擦起电的过程

根据静电产生机理和影响织物抗静电效果的主要因素

对纺织品抗静电整理进行分类，主要有以下方法：表面处理法、化学改性法和导电纤维混纺嵌织法，见表3。

表3　纺织品抗静电整理方法及原理

整理方法	原理
表面处理法	提高抗静电剂在织物上的亲水性，让织物的吸水性更好，进而吸收大量的水来进行导电，降低织物表面的电阻值。通过使电荷从织物上消失，起到抗静电的效果。我们平时所知道的抗静电的方法大概有两种：一种是采用抗静电剂中的分子通过空气中的水分来降低表面电阻，从而实现电荷的散逸；另一种是抗静电剂在表层水分子的作用下发生电离而产生离子化来使电荷散逸，通过中和表面正、负电荷来达到抗静电的效果。但是利用表面涂层抗静电剂来进行静电处理这种方法，抗静电效果难以保持长久，且耐洗涤性不好，在低湿度环境下难以显示出其抗静电效果
化学改性法	在纤维内部放入抗静电试剂，让织物拥有亲水性极性基团，又因为纤维的吸水效果比较好，能够让电荷很快地从织物上消失，所以有很好的抗静电效果。但是这种纤维必须在高湿环境下才能使电荷散逸，因此这种方法具有一定的使用限制
导电纤维混纺嵌织法	在纺织品中加入少量的导电纤维，使纺织品具有抗静电性，且能够大量应用于特种功能性纺织品

➡➡**防水、拒水、拒油整理**

防水整理：在织物表面涂上一层不溶于水的薄膜，使处理后的织物不透水。

拒水整理：在织物上使用拒水整理剂，改变纤维表面性能,使织物不易被水润湿,但能透气。

拒油整理:在织物上使用拒油整理剂,使织物通过油类液体时不被油润湿。拒油原理和拒水原理极为相似,都是改变纤维表面性能,使其临界表面张力降低。

▶▶染料——奇妙的化学变化

古代人们在长期的劳作中,将自然界的植物和动物中的有色物质用作毛皮、织物和其他物质的着色剂。随着人们对这些有色物质的不断认识,人们把能够将纤维或者其他基质染成鲜明颜色的有色化合物命名为染料。染料可被广泛应用于各种天然纤维和化学纤维的染色,还可被应用于橡胶制品、塑料、食品和医药等方面的染色。除此之外,染料也可用于 DNA、氨基酸、蛋白质以及生物酶的结构和活性研究。染料已经与国民生活和经济的各个领域紧密相连。

进入纺织工程专业后,关于染料我们将学习哪些内容呢?纺织工程专业分为纺织材料与纺织品设计、纺织品加工工艺和染整工程与技术三个方向,其中染整工程与技术方向的学生在学习过程中会大量用到染料。因此,纺织工程专业在大三时为该方向开设了"染料与颜料化学"专业课,通过此门课程的学习,学生能够掌握天然染料和合成染料的发展历程、染料的种类、染料的命名规则以及染料呈现不同颜色的

染整加工:纺织的色彩及美学

基本原理等,能够对生活中服装染色用的染料结构有更深刻的理解。

➡➡染料的分类

✤✤天然染料

据我国有文字记载的染料应用历史,染料的起源可追溯到数千年以前。马王堆汉墓出土的织物被鉴定为数千年前的彩色服饰,当时服饰中采用的染料是从植物及矿物中提炼出来的靛蓝色素染料。我们将这类从天然植物和矿物质中提取出来的染料称为天然染料。

植物染料和矿物颜料都是着色的色料,但它们的作用机制却是不同的。植物染料在染色时,其色素分子由于化学吸附作用,能与织物纤维亲和,经日晒水洗后,均不脱落或很少脱落。中国是世界上最早使用天然染料的国家之一,其中靛蓝、茜草、五倍子、胭脂红等是我国最早应用的植物染料。

日常生活中常见的矿物颜料有赤铁矿、朱砂、胡粉、石黄、白云母、金银粉、墨和石墨等。矿物颜料着色是通过黏合剂使之黏附于织物的表面,但经受不住水洗,遇水就脱落。

✤✤合成染料

天然染料虽然历史悠久,但品种不多,染色牢度也较差,故需要新的染料来弥补缺陷。1856 年,年仅 18 岁的英国学生珀金在协助德国化学家霍夫曼合成奎宁时，将苯胺、重铬酸钾和酸放在一起加热，在容器中出现了一种黑色胶状物。他发现用水无法将容器中的黑色胶状物刷洗干净，但当改用酒精刷洗时，一倒进去便出现了一种鲜艳的紫色溶液，珀金立刻想到可以用它来染布。经染色试验，效果很好，而且染丝织物比染棉布更漂亮。经化合物结构鉴定后，他确定该物质为第一例合成染料——苯胺紫。后来，化学家霍夫曼研制出人造碱性品红染料、苯胺紫染料和苯胺黄染料。1865 年，凯库勒确立了苯的环状结构理论，从此染料的研究建立在真正的科学理论之上，人造染料迅速发展。随着技术的进步，进入 20 世纪后，人们相继研发了更多不同颜色的合成染料，并将其应用于织物染色。

合成染料可按本身含有的特殊化学结构进行分类，分为偶氮染料、蒽醌染料、芳甲烷染料、靛蓝染料、硫靛染料、酞菁染料、硝基和亚硝基染料，部分染料分子结构如图 33 所示。偶氮染料含有偶氮基（—N=N—），蒽醌染料含有蒽醌和具有稠芳环的醌类染料；芳甲烷染料根据一个碳原子上连接的芳环数的不同分为二芳甲烷和三芳甲烷两种类型；硫靛染料是由某些芳胺、酚等有机化合物和硫、硫化钠加热制得的染料，需要在硫化钠溶液中还原染色等。

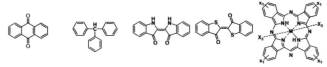

（a）蒽醌染料 （b）芳甲烷染料 （c）靛蓝染料 （d）硫靛染料 （a）酞菁染料

图33 部分染料分子结构

➡➡染料的发色原理

染料的颜色是由分子结构中的发色团引起的,如—N≡N—、—NO$_2$、烯烃双键、羰基等不饱和基团均为发色团;同时,分子结构中还应有助色团,助色团能加强发色团的作用,并使染料具有对纤维染色的能力,主要的助色团有—NH$_2$、—NHR、—NR$_2$、—OH 等供电子基团。颜色的产生是由于染料和颜料等色素分子对光产生选择性吸收的光谱颜色的补色,是染料和颜料对光的吸收特性在人们视觉上产生的反应。

➡➡染料的发展方向

除常用的染料外,科学家们还研究出来一些具有特殊功能或应用性能的染料,这些特殊功能指的是染料用于织物着色用途以外的性能,通常与近代高新技术领域关联的光、电、热、化学、生化等性质相关。功能染料已被广泛应用于液晶显示、热敏压敏记录、光盘记录、光化学催化、光化学治疗等高新技术领域。功能染料开发的主要途径是筛选原有染料，利用传统染料的某些潜在功能，或者通过改变传统染料的发色体系，使其具有新的功能。事实上，功能染料已经在纺织印染行业中进入实用阶段或已显示出其潜在的应用前景，已制备出具有光致变色、温致变色等功能的服饰。因此，功能染料的研究与开发，扭转了染料工业"夕阳产业"的局面，使古老的染料工业重新焕发出生机。目前，功能染料在酸碱指示、光电显示材料、印染、彩色胶片、国防科技、纺织染色等许多领域都有广泛的应用，但真正器件化的染料种类很少，开发稳定性强、可器件化的功能染料将是未来的发展趋势。

服装：纺织的优美时尚

绣罗衣裳照暮春,蹙金孔雀银麒麟。

——《丽人行》

服装的历史源远流长,可以一直追溯到远古时代。服装,是人类文明的标志,又是人类生活的要素。它除了满足人们的物质生活需要外,还代表着一定时期的文化。服装的产生和演变,与经济、政治、思想、文化、地理、历史以及宗教信仰、生活习俗等,都有密切关系,各个时代、不同民族,都有各不相同的服装。

▶▶服装起源——我们的祖先穿什么?

中国服装历史悠久。在北京周口店遗址中曾发掘出约1.8万年前的针,可推断,这些针是当时缝制衣服用的。这就是中国服装的起源,由此拉开了一场经久不息又变化不止的中国服装文化发展序幕。

原始服装的发祥期是旧石器时代,当时已掌握了磨制和钻孔技术,发明了简单的制衣工具——骨针,可以将多片皮子连接成衣。人们将下身蔽前与蔽后的两片材料用骨针缝合起来,上身则披着连接成一整幅的兽皮,并在胸前左右相交,然后用带子系于腰间,这样就形成了上衣。人们用天然美石、兽齿、鱼骨、河蚌和蚶子壳等经磨制和钻孔串成的头饰、颈饰和腕饰装扮自己。其中颇具代表性的是山顶洞人。山顶洞人佩戴的装饰物是红色的,是用赤铁矿研磨的红色粉末进行染色的,表明人们不再简单地利用自然材料,而是初步改造了自然物,使其变成更适合人类生活需要的新形式。

服装艺术的繁荣期是新石器时代,人们磨制石器、陶器和织布,原始的农业和手工业开始形成。人们逐渐学会将采集到的野麻纤维提取出来,用石轮或陶轮搓捻成麻线,然后再织成麻布,做成更适合人体需求的衣服。麻布的出现,使服装的发展有了新的飞跃,人们可以更自由地组织和连接面料,这是人类服装发展史上崭新的开端,也是人类社会进步的一个重要标志。在新石器时代,人们将蚕蛾驯化家养,并织出较为精细的丝织物。到了殷商时期,养蚕已很普遍,人们已熟练地掌握了丝织技术。随着织机的改进、提花装置的

服装：纺织的优美时尚

发明，人们已能织出畦纹和文绮织法的丝绸，加上刺绣与染色技术的逐渐成熟，服饰也日益考究。在我国先民掌握养蚕丝织技术的同时，古代游牧民族和边远的牧区部族开始使用毛纺织物。衣服的形式，除沧源岩画中的平肩短上衣外，其他一律制作成自肩及膝、上下沿平齐的细腰状长衣。它是用两幅较窄的布对折拼缝的，上部中间留口出头，两侧留口出臂。它无领无袖，缝纫简便，着后束腰，便于劳作。在原始社会物力维艰的时代，这是一种理想的服装。

总之，我们的祖先从裸体到简单地系兽皮、披树叶，遮体御寒，发展到利用植物表皮纤维编织网衣，继而发展为用手搓捻、扯细葛、麻纤维后编成衣物，最后终于创造出了用纺轮纺纱、用纱或蚕丝在原始的织机上织布织帛的方法，并利用矿物植物颜料加以染色。人类服装发展的帷幕正在拉开，人类的需求和审美意识的提升，加之新的生活方式的需要，促使服饰形制与装饰手法在不影响其功能的基础上不断发生变化，而面料、质地、色泽、图案这四大方面的改进和提高，使原始的服装逐步发展成为展示美的主要手段。特别是丝绸的发明，不仅推动了新石器时代纺织技术的飞速发展，也促进了丝绸服装的发展，同时还为后世高级多彩提花织物的发展准备了条件，为高级服装提供了优等材料。

▶▶服装功能与设计——服装的"七十二变"

➡➡服装功能

人体穿着服装需要达到一定的目的,实现一定的需求,这就是服装的功能所在。服装体现的功能是多方面的,既要满足人体生理、心理的需求,具备掩体遮羞、保暖舒适等传统功能,又要起到装饰、审美、标识等作用。现代意义的服装设计还融入了人性关怀、环境保护、生态健康、清洁节能、卫生保健、自我护理等新理念。按照人的需求层次,服装的功能可进行如下划分:

✤✤掩体遮羞功能

服装的掩体遮羞功能是人最基本的需求,也是服装起源之根本。在文明社会,赤身裸体会让人产生羞涩感,若服装穿着与环境、场合不符,或不慎暴露身体也会令人产生羞涩心理。

✤✤穿着实用功能

服装的穿着实用功能是人最重要的需求,服装有调节"微气候"、保护身体和适应活动的功能。

服装的"微气候"调节功能一般包括防寒保暖、隔热防暑、吸湿透气和防风防雨等。根据外界气候条件的变化,适当增减、调整服装,可保持人体体温的恒定,使服装的"微气候"(人体表面与内层服装间的"气候"环境)温度适宜,湿度适中,让人能够适应外界温、湿度的变化而感觉舒适,从而满足人体生理卫生的需求。

服装的保护身体功能包括耐磨、耐晒、隔离、防污等一般功能,以及防辐射、防毒、防疫等特殊功能。将服装穿在身上,可使皮肤和肌体不受外界污染,也能防止机械外力、化学腐蚀和日晒辐射等伤害。

服装的适应活动功能是指穿着服装后可使人体活动自如,无束缚感与重压感,适应正常的动作和环境状况,这是一种物理需求,运动服、工作服对此功能要求较高,礼仪性服装要求相对较低。服装要有合理的宽松度、柔软度、伸缩度、强度、滑涩度和轻重度等,以满足人体活动的基本需求。

❖❖❖装饰、审美功能

服装的装饰、审美功能是人的高层次需求,穿着服装不仅要满足生理、物理方面的舒适需求,还要满足心理的舒适和愉悦感,获得精神享受。作为时代产物的服装,其装饰、审美功能是具有鲜明的时代特征的,能够展示一个时代的审美观。从春秋战国的褒衣博带到清朝的长袍马褂,从中山装到今天的服装变革,无不体现各个时代的审美意识,折射出各个时代的氛围和精神风貌。具有不同色彩、造型、风格和不同文化内涵的服装可以突出着装者的魅力，使人们获得不同的审美体验。随着生活理念的变化与时尚趋势的发展，人们对服装的装饰、审美功能越来越关注，使服装的实用性与装饰性兼容并存。

✥✥标识功能

服装的标识功能是指通过穿着服装达到标记识别的作用，以及通过服装传达出象征意义。人类是社会性群体，服装也具有强烈的社会文化性。我国明清时期的补服制度，就是在官服上缝缀 40～50 厘米见方的绸料，上面织绣不同的纹样，文官绣禽、武官绣兽……这些作为时代的符号，体现了服装特有的认知、识别功能。在现代社会，服装作为视觉的艺术，更具强烈、可视的交流语言。透过穿着，可以将一个人的身份、兴趣、品位、修养和所属群体等隐性特征显现出来。

➡➡服装设计

服装设计是诸多应用艺术之一。

任何一件服装都是多种构成要素的综合，服装设计要素是由造型设计、色彩设计、材料设计、结构设计和工艺设计等几大部分构成的。

✥✥造型设计

造型设计即款式设计，是服装所呈现的立体形式。造型设计是一种创造性的活动,设计师必须以人体为依据,掌握人们的消费心理,熟悉人们的生活习俗,掌握美学、绘画等多种技艺。

❖❖色彩设计

服装中的色彩给人以强烈的感觉。皮尔·卡丹说"我创作时,最重视色彩,因为色彩很远就能被人看到,其次才是式样。"服装缤纷的色彩会带给人们不同的视觉和心理感受,从而使人产生不同的联想和美感,表达各种情感,表现不同情调。

❖❖材料设计

材料是服装的物质载体,是体现设计思想的物质基础和服装制作的客观对象。服装材料分为服装面料和服装辅料。服装面料是服装的最表层材料,决定了服装质地的外观效果;服装辅料是配合面料共同完成服装的物质形态的材料,保证服装的内在和细节品质。高新技术的发展使诸多新的材料应运而生,为服装设计提供了广阔的空间。

❖❖结构设计

结构设计的任务是将造型设计的结果演绎成合理的空间关系,是将服装款式图分解、展开成平面的服装衣片结构图的一种设计,通常以绘制服装裁剪制图的形式反映,是款式与工艺之间的过渡环节。这一环节非常重要,既要保证实现款式设计的意图,又要弥补款式设计的不足,同时还要考虑到工艺设计的合理性和可实现性。服装结构设计主要包括省道、褶裥和分割线。省道是对服装进行立体处理的一种手段,是表现人体曲面的重要因素。褶裥是通过将面料折叠或者抽缩而在衣片表面人为制造的多种线条形式,以增加服装外观的层次感和体积感。分割线是根据服装设计的需要对衣片进行分割,以丰富服装的外观,创造理想的服装比例与完美的造型。服装结构设计是塑造服装款式的最直接手段,采用省道、褶裥和分割线等结构设计方法,将面料裁剪成各种形状的衣片,经缝合后,成为一件立体美观又满足功能需求的服装。

❖❖工艺设计

工艺设计的任务是将结构设计的结果安排在合理的生产规范中。工艺设计是服装实物化过程中的重要阶段。

服装工艺设计包括服装工艺操作流程与成品尺码规格的制定、衬料与辅料的配用、缝合方式与定型方式的选择、工具设备和工艺技术措施的选用以及成品质量检验标准等。工艺设计是否合理不仅影响服装的品质,还影响服装厂商最关心的生产成本。合理的工艺设计能体现设计者的智慧,有效地发挥企业有限的生产设备的功效。

纺织科技新进展：纺织也新潮

忽如一夜春风来，千树万树梨花开。

——《白雪歌送武判官归京》

▶▶纺织与生物——生物技术点亮纺织未来

➡➡生物技术在开发新型纺织材料中的应用

在纺织工业中应用生物技术可以改进现有纺织材料的不足，提高服用性能；还可以根据需要开发出适合纺织生产的新型纤维，在一定程度上解决了石油化纤原料的资源紧缺问题。生物技术在纺织与纤维业的成功应用，为纺织纤维的研发开辟了新途径。

✤✤天然彩棉和彩色蚕丝

天然彩棉无须印染等工艺，避免了染料等有毒化学物质如甲醛、重金属离子等残留，既减少对人体和环境的危害，又降低了成本。开发的关键技术是将彩色基因移植到白棉的基因中，从而获得天然彩棉。目前我国已经培育出多种彩棉，其中棕色和绿色棉纤维的性能稳定、可纺性强，已投入生产。

以往市售"天然彩茧"通过给家蚕喂养带有色素的食物而产出，而真正意义上的天然彩色蚕丝则应用生物技术中的基因重组技术，在养殖的家蚕中导入彩色茧基因，然后采用现代育种技术结合杂交组合、定向选择等传统育种技术，选育出天然彩色蚕茧。目前，我国已成功研制出橙色、粉红色、浅黄色、浅绿色、锈色等天然蚕丝。

✦✦ 功能棉

利用现代生物技术的基因工程技术还可向棉纤维中引入其他成分，形成天然功能棉。如生产在棉纤维中腔内具有可生物降解的聚酯内芯，生产天然的涤棉混合纤维；引入动物纤维蛋白质，从而形成含有动物纤维的天然多成分棉，对改善棉纤维自身的不足、提高棉纤维的性能有很大帮助；从内杆菌中分离出一种对草甘膦有抗性的基因，将抗杂草基因导入棉体内，形成转基因抗杂草棉品种；将苏芸金杆菌的毒

纺织科技新进展：纺织也新潮

蛋白基因转入棉细胞内,能够培育出十多种抗虫棉。

❖❖改性羊毛

利用转基因技术在羊毛的囊细胞中转入一个或多个外来基因,通过改变羊毛或纤维蛋白质的基因表达方式来改变纤维的性能。若将丝蛋白转入羊毛纤维皮质中,则可改变羊毛纤维细度、柔软性等。另外,有研究人员试图将彩色基因导入绵羊体内培育天然彩色羊毛。

➡➡生物技术在纺织染整领域的应用

目前,生物技术已经涉及纺织工艺中的大部分湿加工过程,且形成了完整的酶处理工艺以及纺织专用酶产品。表4为几种典型的生物酶在染整加工中的应用范围。纺织酶处理在生产综合成本方面能够节约大量的时间、用水量、能耗、化工原料等,同时减少废水处理费用,因而生产综合成本低于传统工艺;在生态环境方面能够大幅度减少废水排放量及排放废水中盐、染料、化学药剂等含量,废水化学需氧量（COD）显著降低;在产品品质方面避免了化学药剂对纤维的损伤,使织物具有良好的手感、外观、物理机械性能及染色性能等。

表 4　生物酶在染整加工中的应用范围

纤维		加工工序	酶种类
纤维素纤维		退浆	α-淀粉酶、PVA 降解酶
		精练	果胶酶、纤维素酶
		漂白	葡萄糖氧化酶、过氧化氢酶
		沤麻	半纤维素酶、木质素酶、果胶酶
		抛光整理	纤维素酶
		牛仔服酶洗	纤维素酶、漆酶
		染色后去浮色	漆酶
蛋白质纤维	真丝纤维	精练（脱胶）	蛋白酶
	羊毛纤维	炭化	纤维素酶、木质素酶、半纤维素酶
		洗毛	脂肪酶
		防毡缩	蛋白酶、角蛋白酶
		提高强力	谷氨酰胺转氨酶

▶▶纺织与医疗——护航健康的"英雄守护者"

➡➡体外医用纺织品

　　体外医用纺织品除防护材料、外科衣物、床上用品、防保服装、失禁用品外，还包括外用纱布、绷带、抗菌创可贴、医用胶布等，如图 34 所示。

(a)N95 口罩　　(b)超吸水尿不湿　　(c)抗菌创可贴　　　(d)绷带

图 34　体外医用纺织品

➡➡生物医用纺织品

　　生物医用纺织材料在临床上具有广泛的应用,能够独立或参与制成人体器官组织的替代物。不同的产品具有不同的医学功能:生物医用纺织材料支持运动功能,人工关节、人工骨、人工肌腱等;血液循环功能,人工心脏瓣膜、人工血管等;呼吸功能,人工肺、人工气管、人工喉等;净化功能,人工肾、人工肝等;消化功能,人工食管、人工胆管、人工肠等;泌尿功能,人工输尿管、人工尿道等;生殖功能,人工子宫、人工输卵管等;神经传导功能,人工神经导管;感觉功能,人工角膜、人工听骨等;组织修补功能,人工皮肤、牙周补片、疝修补片等。有团队在再生丝蛋白纤维中添加功能物质锂皂土,并将获得的再生丝蛋白-锂皂土杂化纤维编织成人工韧带;海军军医大学第一附属医院(上海长海医院)与东华大学合作融合生物技术和纺织技术开发人工血管。除植入性医疗器械之外,生物医用纺织材料还被广泛应用于一般医疗产品,如手术缝合线、护创材料、粘贴材料、手术洞巾等。

医疗中需要一些纺织材料植入体内(图35),比如可吸收手术缝合线、软组织植入物(人工肌腱)、心血管植入物(人工血管、人工心脏瓣膜)和矫形植入物(人工关节、人工骨)等。壳聚糖纤维具有很好的生物降解性能,酶解的最终产物是氨基葡萄糖,有良好的生物相容性,可用来制造人工皮肤和手术缝合线(已经用于临床)。甲壳素及其衍生物中空纤维分离膜制成的人工肾可以克服用醋酸纤维和铜氨纤维膜制成的人工肾对中、低分子有毒物质透过率低的缺点。聚乙醇酸是体内可吸收高分子结构中最简单和最早商品化的品种之一。主要用于体内吸收性缝合材料、骨折固定材料及组织工程支架材料等。当人体某器官或组织因病变或损坏丧失功能时,就需要进行体内器官移植。人工血管是具有代表性的、用于人体内部的人造纺织材料。高分子纤维材料可通过机织、针织、编结或非织造等方法来制造人工血管。

　　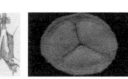

(a)手术缝合线　　(b)人工血管　　(c)人工心脏瓣膜

图35　体内医用纺织品

▶▶纺织与航空航天——一起"寻梦苍穹"

➡➡纺织与航空

纺织复合材料在飞机部件上的应用众多,主要包括舱门、翼梁、减速板、尾翼结构、油箱、舱内壁板、地板、螺旋桨、高压气体容器、天线罩、鼻锥、起落架门、整流板、发动机舱、外涵道、座位和通道板等。采用纤维复合材料可以制造出机翼整体加筋壁板、蒙皮整体成型的机身框架以及翼身融合体大部件,可以提高复合材料飞机结构的设计许用值。如碳纤维复合材料是一种新型材料,首先被应用于飞机的次承力结构,之后逐渐被应用于主承力结构。碳纤维复合材料可以显著减小飞行器的质量,进而提高燃料的燃烧效率,在航空领域已经被广泛应用。空中客车 A380 是一款超大型客机,如图 36 所示,碳纤维等复合材料占比约为 22%,质量约为 36 吨,主要应用于中央翼盒、垂直尾翼、水平尾翼、机身尾段、后承压框、地板梁、固定机翼前缘和各种大型整流罩等部位,在减轻质量,提高抗疲劳、抗腐蚀等性能方面发挥了重要作用。

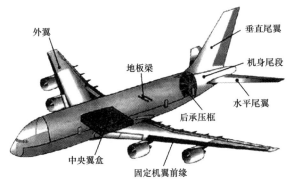

图36 碳纤维等复合材料在空中客车 A380 上的应用

2017 年,我国自行研制的 C919 大型客机机身的 15％使用了树脂基碳纤维材料,这是民用大型客机首次大面积使用该材料。在同等强度下,树脂基碳纤维材料的质量比传统材料轻 80％,疲劳寿命更长,因此制造的飞机更耐用。由于大规模采用先进复合材料,C919 大型客机整体减重 7％左右,尤其是国产高技术纤维芳砜纶的使用,使飞机再度"瘦身"。飞机的质量减小意味着油耗更小,成本更低,还能减少二氧化碳排放量,更节能环保。高性能纤维及其复合材料无可争议地成为 C919 大型客机成功飞翔的有力推手。

➡️➡️纺织与航天

飞船是发展载人航天技术的先导工具,而返回舱是载人飞船的核心部分。载人飞船返回舱再次进入大气层的初始速度为每秒 7.7 千米左右,表面经过气动加热,将产生极高温度,因此优异的隔热防护材料显得至关重要。酚醛树脂由于具有良好的力学和耐湿热性能,尤其是耐瞬时高温烧蚀性能优异,被广泛应用于航天器材中的耐热组件,如使用先进纤维缠绕制造复合材料壳体、火箭喷管和再入保护壳体,使用碳纤维-酚醛材料进行热防护等。在飞船的返回舱和轨道舱内使用的纺织品,主要采用的是各类耐燃、防静电的纺织材料。

航天服分为舱内航天服和舱外航天服两种,舱内航天服只要求防低压、防缺氧、耐高温或低温,其性能需求决定了对材料的要求并不太高。舱外航天服是在太空环境下进行工作活动时必须要穿的,需要提供压力、热量、氧气、冷却水、饮用水等,具备二氧化碳收集、电力和通信等功能,因此对材料的要求较高,是目前最昂贵的服装之一。航天服是一种结构复杂的组合套装,各组成部分特点不同。内衣:要求柔软、舒适、富有弹性、吸湿透气、不黏皮肤、不影响生理指标的医学监护。通气层:保护人体65%~75%的面积,有新鲜空气流通,并能带走人体散发出来的热量和湿气;结构应柔软而富有弹性;通风管阻力要小。保暖层:要求材料的保暖性好、柔软、质轻、阻燃、有弹性、不吸水。气密限制层:保证身体周围有一定的气压;保证人体活动自如,加压情况下具有一定的外形和容积。水冷服:以水为介质,通过特制的导管沿人体表面流动,将人体的热量带走,达到降温的目的。隔热层:仅

限于舱外航天服使用,作用是防止温度过高或过低。图 37
为纺织在我国航天领域的应用。

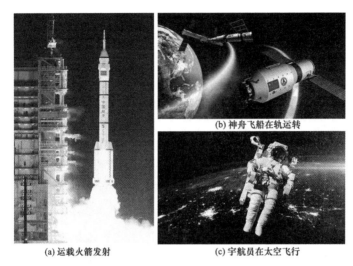

(a) 运载火箭发射　　　　(b) 神舟飞船在轨运转　　　(c) 宇航员在太空飞行

图 37　纺织在我国航天领域的应用

▶▶纺织与农业——为现代农业的发展插上翅膀

➡➡水土、植被保护

　　土壤侵蚀是由于雨滴撞击地面使土壤颗粒从大片土壤
中分离出来,然后被表面流动的水带走所导致的。实践表
明,覆盖了一定比例织物的土壤,雨滴在撞击易损坏的、敏感
的土壤表面之前便受到拦截,从而使直接受雨滴撞击的土壤
面积减小。粗厚的织物在减少雨滴撞击影响方面效果较好。

例如,黄麻织物的吸水率高达480%,土壤覆盖这种织物能够吸收雨滴,减小水流有效体积,减弱雨滴撞击土壤颗粒的能力。同时,黄麻织物的亲水性使其与土壤表面有很好的接触。一种材料在斜坡上能截护水滴而不让其流失,良好的接触是至关重要的。黄麻织物就可减慢水流速度,这种粗厚的织物表面粗糙不平,能够降低流速,减少土壤侵蚀。另外,可以使用吸水的土工布,由于织物很厚,网眼就像一个个"小水闸",用这样的方式可贮藏相当多的水。

一般在植物的纤维之间存在明显的透光孔隙,它能使种子和土壤充分地接触,提高种子根部在土壤中的延伸程度,这样用于建立植被的种子得以保持均匀分布,不会发生与土壤颗粒一样随水流失的情况。高吸水纤维织物还能通过改善斜坡的微环境帮助植物生长,由于纤维具有高吸水性,所以应用织物可提高土壤的含水量。由于黄麻之类的天然纤维是生物降解性材料,所以一定时间(一般为两年)后,腐烂的土工布可向土壤补充有机物质和培养基,这对维持植被正常生长是必需的。

➡➡排水灌溉

农田灌溉及农业土木工程地下排水都需要管道,而传统的排水管有许多难以克服的缺点,例如材料成本高、施工不方便、排水和过滤效果不好、经常发生倒灌现象等。国内外现已成功研制出一种新型的非织造布复合结构排水管。新型排水管为多层复合结构，如管的内层是高强塑料管架，起支撑和加固作用；中层为非织造布过滤层，具有良好的过滤和渗透性能；在非织造布过滤层的内外两侧使用高强丙纶纱网加强保护，防止施工和应用中的破坏。该结构的特点是：具有良好的过滤和排水性能，管体结构合理、牢固，加强了对非织造布过滤层的保护。非织造布孔隙率大，而砂土的孔隙率一般不会高于50％，因此，非织造布具有良好的渗透性能。在实际工程应用中，材料总是要与土壤和岩石等物质相结合，也必然会受到这些物质的压力作用。经研究发现，在实际压力作用下，非织造布过滤层仍有良好的渗透性能及排水能力。非织造布复合结构排水管除了具有良好的排水性能外，还具有良好的过滤性能。非织造布复合结构排水管的过滤层为非织造土工布，其纤维的网络结构形成了许多细小的孔隙，这些细小的孔隙既可以形成排水通道，又可以阻挡土壤等固体颗粒，具有排水和过滤双重功能。

➡➡植物生长培育基材

在农业生产过程中，要进行种子培育；在城市绿化和园艺领域，需要大量的草坪，这就需要大量的培育基材。纺织品在这一领域，同样起着重要的作用。在育种方面，美国已制造出多种可生物降解的土壤毯，如名为Bonterra（音译：博泰乐)的材料,该材料由椰子皮纤维、稻草、麦秸等混合制成。
该织物主要用作育种或其他特殊需要,可在普通地面上使
用,也可在斜坡上使用,干态、湿态均能适应。这类毯子可制
成不同的规格,虽然毯子的强度较小,但完全可用作育种床。
利用木纤维、秸秆纤维、麻纤维等纤维素纤维的生物可降解
性,人们可以开发植物培育垫或草皮。培育垫的作用是帮助
植物发芽生根,防止斜坡水土流失,同时具有绿化的功能。
在培育垫的苎麻纤维中,有规律地加入植物种子,将它安置
于土壤中,种子便会逐渐发芽生长。植物在土壤中生根以
后,培育垫中的苎麻纤维开始降解,而聚丙烯纤维仍然保留
以保护幼苗生长,直至植物生长到一定程度,聚丙烯纤维才
逐渐被降解。这时,植物的根取代了培育垫,既可以保持水
土,防止滑移,又可以绿化环境,保持生态平衡。以麻纤维为
原料采用经编或缝编工艺制作的植物培育垫,能以一定方式
稳定环境,帮助植被建立和生长,防止鸟类啄食种子,是药
材、蔬菜、草坪和花卉等最适合的繁殖材料,可用于江河堤岸
或梯田等处的植被绿化。另外,这种植物培育垫用于高尔夫
球场、体育场、公园等地也极为理想。麻纤维所具有的生物
可降解性使它与环境相容,有利于保护环境和生态平衡,是
极具前途的绿色产品。

　　除此之外,农用纺织品还被广泛应用于花卉产业中,包
括无土栽培盆花的基质材料、覆盖材料、鲜花保鲜包装用的

非织造布等。净菜包装保鲜非织造布、农副产品的包装及粮食储藏用纺织品、高吸水纺织品材料等在国外的应用也逐渐增加。近期,国外又成功研制了防虫害用纺织品和促进植物生长所需微环境用纺织品等。

▶▶纺织与交通——"上天入地"的潜力股

➡➡交通工具用纺织品

交通工具用纺织品是指在汽车、火车、船舶、飞机等交通工具上起装饰性或功能性作用的纺织品,图38从左至右依次展示了汽车用纺织品、铁路运输用纺织品和船舶用纺织品。交通工具用纺织品种类繁多,汽车用纺织品占据主体地位,用量可达90%以上。目前,汽车中超过40个部件可由纺织品制成,从车顶棚到热绝缘装置,从发动机、排气管道到车厢隔音材料等各个部位。汽车用装饰性纺织品材料有地毯、座椅面料和窗帘等。汽车地毯主要分为针刺地毯和簇绒地毯两大类,针刺地毯以聚酯纤维和聚丙烯纤维为主,而聚酰胺纤维因其优异的回弹性和耐磨性被广泛应用于簇绒地毯中。近年来,无纺布以质量小、性价比高的特性被广泛用作汽车装饰、填充和过滤等材料。如使用黏胶纤维和锦纶长丝制备的无纺布,可用来制作汽车坐垫。汽车用功能性纺织品材料有遮阳板、安全气囊、安全带和轮胎等。汽车用功能性纺织品材料一般要求具有强度高、韧性强、质量小、耐腐蚀、耐高温、耐冲击、抗紫外线等特点,常用的材料有碳纤维、石棉纤维、玻璃纤维、芳纶纤维、聚酯纤维、聚酰胺纤维,以及天然纤维中的剑麻、洋麻、大麻、亚麻等。例如汽车门窗密封条,它是以聚酯纤维为原料,采用干法成网制成的无纺布衬垫与聚酰胺短纤维静电植绒织物复合制得,可以用来防止尘土、水等进入车内。安全带在汽车中非常重要,它的主要成分是尼龙66,大多采用无梭高速织带机进行编织,具有很高的强度和较好的耐磨性。

图38 汽车用纺织品、铁路运输用纺织品、船舶用纺织品

铁路运输用纺织品最大的应用领域是篷盖材料。篷盖布兼具织物和涂层的双重性能,可大大减少载运货物的空气阻力。同时利用涂层的特性可起到防水、阻燃、防霉、防老化等功效,对货物及车体进行保护。我国篷盖布材料目前尚在开发摸索阶段。目前国外使用的篷盖织物,从经济效果及实用价值角度考虑,一般是以化纤材料涂敷聚氯乙烯或聚乙烯的篷盖织物为主,近几年也出现了新的品种。例如法国一家

公司设计了一种抗撕裂复合织物，织物呈"三明治"状，外表两层由机织物组成，中间为针织金属网状织物。夹芯层与有一定剪切弹性模量的过渡层相连，网状织物里的金属丝可产生滑移，但不会断裂，这会增大抗撕裂强度。该材料经济实用，质地柔韧，容易折叠或伸展。此外，国外对篷盖布的研究还侧重于自动化和外观性，这样可对不同结构的车厢进行保护。

船舶用纺织品也分为装饰性和功能性两种。船舶座椅、顶篷、地毯、窗帘、背衬等为装饰性的，功能性的则有船帆、遮阳板、救生圈、防护服等。其中，用作船帆材料的有涤纶纤维、锦纶纤维、芳纶纤维、高强高模聚乙烯纤维等。自20世纪70年代层压织物被美洲杯帆船赛首次使用以来，船帆织物面料与聚酯薄膜复合的形式得到了快速发展。早期船舶内饰用纺织品多为棉、麻、涤纶、锦纶等，但随着科技的进步，它们逐步被各种改性纤维所取代。比如：异形截面纤维可以改善防污性，空气变形丝、超细纤维、假捻丝和中空纤维可以提高舒适度。

➡➡交通建设用纺织品

交通建设用纺织品主要应用领域为道路建设和道路防

噪。随着我国道路建设的飞速发展，选取优质的道路材料，能显著提高道路质量。其中，土工合成材料就是一种新型材料。它是以人工合成的聚合物为原料制成各种类型的产品，置于土体内部、表面或各种土体之间，发挥加强或保护土体的作用。因土工织物与填土之间的作用能防止横向变形，在路基中铺放土工织物，可以起到加固基层的效果。除了加固作用，土工布运用于高速公路施工中，还可以起到承载的作用，防止路面出现开裂，有效保证了路面质量。在土层中铺装土工织物可以在土层之间形成隔离，有滤层作用，甚至可形成排水通道，保证土体的稳固性。将土工布放在沥青路面面层上，可减少路表温度裂缝；若放到面层下，可防止反射裂缝，增加基层底部半刚性材料的使用寿命，从而延长道路的使用年限。道路防噪用纺织品材料主要有玻璃棉、矿渣棉、工业毛毡和木丝板等。然而，这些材料对水、油等液体敏感而且易受潮，影响其使用年限，因此更多的学者开始对新型材料进行研究。有研究学者对不同厚度的涤纶纤维针刺无纺布进行了吸声测试，研究结果表明织物厚度越大，吸声效果越好。同时，表面有涂层的无纺布吸声效果优于无涂层的无纺布，这一结果证明了无纺布材料应用于道路防噪是可行的。

▶▶ 纺织与建筑——工程建筑领域的后起之秀

➡➡ 建筑用纤维增强材料

传统的建筑用结构强度材料为水泥和混凝土，但是传统的材料具有质量大、体积大、强度低、不利于环保、能耗高等缺点，可以用纤维增强复合材料解决上述问题。建筑用增强纤维材料主要包括纤维增强混凝土和纤维增强水泥两种。主要的纤维增强材料有玻璃纤维和芳纶纤维，与传统的水泥和混凝土基体相比，加入纤维增强材料后，不仅能提高结构强度，还可以减少总质量。此外，还可以增强抗腐蚀性，延长建筑的寿命，减少水泥的使用量，降低碳排放等。

碳纤维也被应用于建筑领域，它提高了建筑的抗压性等力学性能。碳纤维复合材料加固混凝土结构技术是一种新型的结构加固技术，碳纤维加固技术具有高强度、高弹性模量、抗腐蚀性能好、热膨胀系数小、施工简单等优势。纵观全球，日本是最早将碳纤维应用于建筑领域的国家。在20世纪80年代，日本就将碳纤维增强水泥混凝土用于大型建筑物的建造中。在沥青基碳纤维增强水泥混凝土中添加少量碳纤维就可以大大提高其延展性、韧性及抗疲劳性能。例如，日本的飞翔桥是世界上第一座采用碳纤维增强聚合物的混凝土结构桥梁。后来，日本建筑师将碳纤维复合材料用于加固墙体和地基，以达到抗震减震的效果（图39）。当地震发生时，建筑虽有晃动，但不会坍塌。

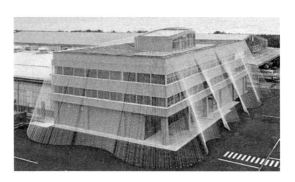

图 39　使用碳纤维复合材料"加固"的建筑

➡➡建筑用防水材料

　　建筑防水指的是为防止水对建筑物某些部位的渗透而从建筑材料上和构造上所采取的措施。防水多用于屋面、地下建筑和需要防水的内室和储水构筑物等。材料防水是靠建筑材料阻断水的通路，如卷材防水、涂膜防水等。早期人们在建筑中使用的防水材料主要为沥青油毡。沥青油毡一般指原纸或织物经浸涂沥青，再在表面撒布防粘材料而制成的卷材。但是，传统的沥青油毡有很多缺点，比如易漏水，使用寿命短，受自然环境影响大。后来随着科技的进步，人们研发了一种以聚酯纺粘非织造布为胎基的防水材料，优点是防水效果好，但是造价偏高。现在应用最广泛的是玻璃纤维和聚酯短纤维针刺非织造布胎基的改性沥青防水卷材,它是采用热塑性弹体树脂或合成橡胶,把经过改性的沥青材料涂覆到胎基上,胎基表面再覆盖聚乙烯膜和岩板等材料而形成的。当前,改性沥青防水卷材因绿色环保,防水时间长,被广泛推广。

➡➡建筑用膜结构材料

膜结构材料是一种新兴的建筑材料,因其质量轻、美观、易安装和寿命长等优势而被广泛使用。其基本结构是以高强度织物为基布,表面涂覆功能性防水物质。膜结构材料具有良好的防水阻燃、自清洁、抗老化、耐腐蚀等性能。一般建筑用膜结构材料有两种,一种以涤纶为基布,在其表面涂覆聚氯乙烯功能涂层,这种材料易老化,易变形,只能用于临时性建筑;另一种以玻璃纤维织物为基布,在上面涂覆聚四氟乙烯,这种膜结构材料强度高且稳定性好,使用寿命长,且透光性好,利于散热。近年来,我国许多大型建筑物都使用了这种膜结构材料,例如,北京奥运会和上海世博会的许多场馆就使用了这种膜结构材料。在我们的生活中,也能看到膜结构材料的普遍使用,例如一些购物中心、电影院、居民楼和学校等。

➡➡**建筑用隔音隔热材料**

为了获得舒适的生活和工作环境,降低噪声是建筑设计与建造中的重要环节。纺织材料具有多孔、柔软等特点,在建筑中被广泛使用以达到隔音隔热的效果。

根据多孔材料的吸声原理,当声波入射到纺织材料表面时,声波产生的振动引起纺织材料内部空隙的空气运动,空气本身具有衰减高频声波的作用,同时空气运动造成纱线之间、纤维之间以及与纤维内部孔壁的摩擦,摩擦和黏滞力的作用使部分声能转化为热能,从而使声波衰减。对于吸声材料的选择,目前多为毛毯和非织造布。提高纺织材料的吸声吸能的方法主要有:制备多重多孔材料,增大纺织材料的厚度,增大纺织材料的表面粗糙度,增大材料的表面密度。在实际应用中,具有吸声隔音的纺织品在建筑中主要用于窗帘、幕布和地毯等。如今,隔音材料也迎来了创新,例如,美国一家著名的隔音材料开发企业将声学原理与材料性能进行互补,使用密度可调的材料制成吸声材料,可在不同的频率下实现对声波的选择性吸收。

在保温隔热方面,纺织纤维材料的孔隙率高,可以存储静态空气,具有很强的热量存储与隔热效果。纺织隔热材料可以用来包裹房屋外部,以阻隔外部湿润空气进入的方式达到保温隔热的效果。目前,保温隔热材料主要有两个发展方向:一是原料的绿色化,倾向于使用纺织废料、回收料等。二是通过高性能材料、高端技术的应用,尽可能以轻质薄材实现最佳的隔热效果。目前有很多研究关注利用废弃纺织材料作为建筑隔热层,例如有研究者将回收的棉短绒、废旧台布等用作隔热材料并表现出优异的性能。

▶▶纺织绿色加工——你所不知道的无水染色技术

➡➡超临界流体性质及特点

无水染色技术,学名是超临界 CO_2 流体无水染色技术,即利用超临界状态下的 CO_2 代替水介质溶解染料进行纺织品染色。众所周知,物质可以分为气态、液态、固态三态。在一杯水中,常温常压下以水面为界限,可以明显地区分出气、液两相;当温度和压力逐渐增大,气液界面渐渐模糊,成为亚临界态;随着温度继续升高和压力继续增大,当达到物质的临界温度和临界压力时,气液界面彻底消失,转变为均匀的一相,此时物质所处的状态即超临界态。由于超临界态既不属于气态又不属于液态,而是气、液两相间的均一相,因此,又被称为自然界中的"第四态"。处于临界温度和临界压力的物质,称为超临界流体。相态转变图如图 40 所示。

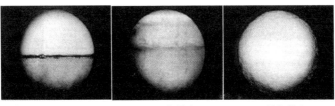

　　（a）气、液两态共存　　　　（b）亚临界态　　　　（c）超临界态

图 40　相态转变图

　　由于超临界态介于气态与液态之间,其兼具有气液两相的特点。一方面,超临界状态下,物质的密度与液态量级相同,这使得超临界流体具有了与液体相似的溶解能力;另一方面,超临界状态下,物质的黏度与气态量级相同,又具有了与气体近似的扩散能力。在此基础上,我们可以利用超临界流体代替水溶解染料,并通过其扩散能力,轻易地渗透至纺织品内部,实现染色过程。

　　与其他超临界流体相比,CO_2 的临界温度和临界压力较低,分别为 31.1 摄氏度和 7.38 兆帕,易于达到超临界态。同时,CO_2 本身无毒、不燃,多数情况下显示化学惰性,且由于其来源主要为工业排放的废气,具有价格低廉的特点。因此,利用超临界 CO_2 进行纺织品染色具有以下优势:染色过程不需要一滴水,无水无污染,是一项真正环保的染色技术;染色工艺简单,上染速度快,染色质量好;染色前后纺织品均为干态,无须水洗和烘干工序,工艺流程短,染色能耗低;染色结束后,通过降低压力,CO_2 气化与染料分离,可实现 CO_2 和染料的循环使用。

➡➡ 超临界 CO_2 流体无水染色

为了解决我国纺织印染行业的重污染和高能耗"卡脖子"难题,2001 年起,大连轻工业学院(2007 年更名为大连工业大学)郑来久教授团队在我国率先进行了超临界 CO_2 流体无水染色颠覆性技术研究,并实现了工程化示范。项目利用工业排放 CO_2 为介质在超临界态下溶解染料,在密闭的釜体中上染纺织品,具有高色牢度、短流程、无三废排放、染料和 CO_2 可循环使用的优势。经过多年研究,现已阐明了超临界 CO_2 温度场、压力场、流体场下纤维材料结构变化对染色性能的影响,发现了染料在超临界 CO_2 中的溶解、聚集、熔融等行为规律,揭示了无水染色机理;提出了大流量内循环染色工艺技术、内外染动静态染色工艺技术、拼色配色工艺技术,解决了染色匀染、透染、重现难题;提出了商品分散染料内的助剂易于引起染料晶粒聚集、晶型转变和晶粒增长,形成了原染料超临界 CO_2 无水染色技术;成果适用于纤维、纱线、织物、辅料及鞋材等的无水染色,真正不需要水,从

纺织科技新进展：纺织也新潮

根源上解决了染整过程的污染问题。

　　2005 年，该团队研制出了我国首台适用于天然纤维的超临界 CO_2 流体无水染色实验装置；2006 年获第十六届全国发明展览会金奖；2009 年研制出中试规模的超临界 CO_2 流体无水染色设备；2012 年改进型超临界 CO_2 流体无水染色装备在青海省西宁市和辽宁省阜新市进行了中试示范；2015 年研制了中国首台千升规模的多元超临界流体染色装备系统，并在福建省三明市实现了示范生产。超临界 CO_2 流体无水染色装备如图 41 所示。

（a）小试装置　　　　　　　　（b）中试装置

（c）工程化装置

图 41　超临界 CO_2 流体无水染色装备

　　目前，该团队已获得中国发明专利 40 项，美国发明专利

4项,发表SCI、EI等论文100余篇,形成了涵盖超临界CO_2无水染色工艺技术、装备研制、染料制备及应用的系列专利群,构建了超临界CO_2流体无水染色技术的完全自主知识产权。同时,超临界CO_2流体无水染色示范生产线结果表明,染色散纤维、筒纱、织物产品满足国家标准要求,染色综合成本低于水介质染色工艺成本,显示了明显的节水节能优势。

2021年,我国宣布将提高"国家自主贡献"力度,力争2030年前CO_2排放达到峰值,努力争取2060年前实现碳中和。推动绿色低碳技术实现重大突破,抓紧部署低碳前沿技术研究,加快推广应用减污降碳技术,成为实现碳达峰、碳中和的基本思路和主要举措。利用超临界CO_2流体无水染色技术率先突破传统水介质染色工艺,可以从根源上解决水污染问题,是纺织印染清洁加工的一次"技术和产业革命",对于世界范围内印染行业的技术进步和产业升级具有重要的示范和推动作用。

人才培养与职业规划：纺织人的成长

霓为衣兮风为马，云之君兮纷纷而来下。

——《梦游天姥吟留别》

随着我国经济不断发展，科技不断进步，越来越多的青年立志在纺织工程领域做出一番事业。但是，纺织工程专业学什么？专业培养的标准是什么？培养目标是什么？毕业后具备的能力是什么？就业优势是什么？这些问题困扰着家长和学生。因此，我们从培养人才的角度来谈谈这些问题。

▶▶纺织工程专业的培养目标、定位和教育工程认证

我国纺织工程教育的培养目标和其他专业一样，分为政治培养目标和业务培养目标。政治培养目标主要指思想品

德方面的目标,各个学校基本相同。就业务培养目标而言,无论是专科或本科纺织工程专业,还是硕士和博士专业,各个学校根据自己的办学定位,设置有自己特色的一套体系,但实际核心内容基本一致。依据教育部印发的《普通高等学校本科专业目录(2012年)》《普通高等学校本科专业设置管理规定》、教育部学位管理与研究生教育司公布的《授予博士、硕士学位和培养研究生的学科、专业目录》(1997年颁布)和国务院学位委员会公布的《学位授予和人才培养学科目录(2011年)》,以及2018年教育部发布的《普通高等学校本科专业类教学质量国家标准》,综合多所学校本科和研究生纺织工程专业的业务培养目标,简述如下:

本科纺织工程专业的培养目标:培养具有科学、工程及人文素养,掌握纺织类专业的基础知识、专业知识和基本技能,了解学科前沿和发展趋势,能够胜任本领域的技术研发和新产品开发、生产及经营管理、产品设计与管理以及商务贸易等工作,具有创新意识、实践能力和国际视野,并在纺织的某一领域具有专长的高素质专门人才。

通过专业学习,毕业生应获得以下几方面的知识、能力和素质:

掌握相关的人文社会科学、自然科学的基本知识和科学方法,具有人文社会科学素养、社会责任感和工程职业道德。

掌握工科类专业的公共基础知识与实验技能，具备实验设计和实施的能力，并能对实验结果进行分析。

掌握纤维及其集合体的形貌、结构、性能及相互间的关系规律，熟悉纺织类产品的分类特征，掌握纺织类产品的基本加工原理和计数、产品制造工艺流程、工艺参数等基本知识，熟悉纺织类产品通用加工设备的工作原理。

掌握纺织类产品的基本性能评价指标和相应的检测方法，熟悉产品的质量标准，能够熟练使用常用的检测仪器，熟悉纺织类产品的美学特征以及创新、创意设计方法，掌握产品设计的基本原理和方法，初步具有产品设计能力。

具有创新意识，掌握基本的创新方法，初步具备综合运用理论和技术手段解决实际问题的能力，能够在解决专业问题的过程中综合考虑经济、环境、法律、安全、健康等制约因素。

具备文献检索、资料查询及运用现代信息技术获取相关信息的能力，初步具备科技论文写作的能力。

了解产业链上、下游的基本知识、专业领域的现状和发展趋势以及纺织经济、贸易方面的相关知识。

了解国家对纺织类企业的产品设计与开发、生产、产品流通以及环境保护和可持续发展等方面的方针、政策、法律、法规,能正确认识工程对客观世界和社会的影响。

掌握1门外语,能阅读本专业外文资料,具有一定的国际视野和跨文化交流、竞争和合作的能力。

具有一定的组织管理能力、表达能力和人际交往能力,以及良好的团队协作精神。

具有创业意识,了解基本创业知识,具有初步创业能力。

在纺织工程学科各个层次的培养定位方面,研究生的培养定位是高层次的研究型科技人才,主要从事高水平的纺织工程研究、技术开发和工程应用;本科生定位为高级工程技术人才;专科生则定位为技术技能型人才。本科生的培养类型比较多样化,还可进一步细化。因此,根据目前国外人才培养的分类情况和我国纺织工程高等教育的现状,本科及以下纺织工程专业的培养定位可大致划分为以下4种类型:

"研究主导型"纺织工程本科专业——人才培养的目标是为高水平的纺织工程研究及工程应用奠定基础,相当一部分的毕业生将进入高一层次的研究生学位教育阶段,所在学校一般具有纺织工程学科的博士学位授予权,而且相当一部分具有一级学科学位授予权。

"研究应用型"纺织工程本科专业——人才培养的目标是为纺织工程应用研究与开发奠定基础,其中一部分毕业生将进入高一层次的研究生学位教育阶段，所在学校一般具有纺织工程学科的硕士或博士学位授予权。

"应用主导型"纺织工程本科专业——人才培养的目标是具备解决实际问题的能力、从事纺织工程应用技术的复合型专门人才，绝大多数毕业生将直接就业并能很好地适应工作要求。

"技术技能型"纺织工程类专科专业——培养在生产第一线从事纺织工程技术的应用，先进纺织工程设备的操作、调试及维护等工作的高级技术技能型人才。

在我国高校、学院办学过程中，工程教育专业认证也在如火如荼地开展。2016 年 6 月，中国正式成为国际本科工程学位互认协议《华盛顿协议》的正式会员，我国全面开启了工程教育专业认证教育。中国工程教育专业认证是按照《华盛顿协议》成员国（地区）公认的国际标准和要求，由中国工程教育认证协会组织实施的认证。《华盛顿协议》于 1989 年由来自美国、英国、加拿大、爱尔兰、澳大利亚、新西兰 6 个国家的民间工程专业团体发起和签署。该协议主要针对国际上本科工程学历（一般为四年）资格互认，确认由签约成员认证的工程学历基本相同，并建议毕业于任一签约成员认证的课程的人员均应被其他签约国（地区）视为已获得从事初级工程工作的学术资格。2013 年，我国加入《华盛顿协议》成为预备成员,2016 年初接受了转正考察。燕山大学和北京交通大学代表国家成为《华盛顿协议》组织考察的观摩单位。2016 年 6 月 2 日,中国成为正式会员。

工程教育专业认证是国际上比较认可的一种工程教育质量保障体系,也是实现工程教育国际认证标准及行业资格认证的首选基础。所谓工程教育专业认证,主要就是确保理工科专业毕业生经过学校学习以后,能够达到相关行业所要求的标准,是一种对教育理论和毕业达成度的指导意义的权威性审核。就国内而言,工程教育是高等教育的主要构成,而工程教育专业认证主要就是确保工科类专业毕业的学生达到国际上业内认可的既定质量标准,其主要采用以培养目标与毕业生标准为主要依据的合格性评价。工程教育专业认证的标准主要对培养目标、毕业要求、课程体系、师资队伍、支持条件等进行考查,要求高等学校对专业课的设置、专业教师的选拔以及基础办学设施都必须达到国际标准,而且强调建立教学质量监督制度,以及实践之间的沟通渠道,确保可以维持工程教育专业认证活动。工程教育专业认证的基本理念包括:

学生中心理念。强调以学生为中心,围绕培养目标和全体学生毕业要求的达成进行资源配置和教学安排,并将学生和用人单位满意度作为专业评价的重要参考依据。

产出导向理念。强调专业教学设计和教学实施,以学生接受教育后所取得的学习成果为导向,并对照毕业生核心能力和要求,评价专业教育的有效性。

持续改进理念。强调专业必须建立有效的质量监控和持续改进机制,能持续跟踪改进效果并用于推动专业人才培养质量不断提升。

目前,几乎所有相关院校都对参与工程教育专业认证表现出空前的热情。一是新颖的育人理念,二是未来工程师"毕业生"通行国际的执业资格。截至 2020 年底,我国已有 8 所高校的纺织工程专业通过了工程认证。

▶▶**本科纺织工程专业的知识结构与课程体系**

本科纺织工程专业的知识结构和课程体系由通识类知识、学科基础知识、专业知识和实践类知识四大部分构成,每一部分所包含的知识体系和课程大致如下:

❖❖**通识类知识**

除教育部规定的教学内容外,涉及人文社会科学、外语、计算机与信息技术、体育、艺术等内容。数学、物理学和化学等自然科学的教学内容不低于教育部相关课程教学指导委员会制定的基本要求。

通识课程主要有:大学计算机基础、大学英语、高等数学、大学物理、计算机程序设计、线性代数、概率论与数理统计、中国近现代史纲要、马克思主义基本原理概论等。

✤✤**学科基础知识**

学科基础知识包括：工程力学、机械设计基础、电工电子技术及实验、工程制图、计算机绘图等。

学科基础课程主要有：普通化学、有机化学、纺织化学、高分子化学与物理、工程力学、电工电子技术、纺织材料学、工程制图、机械设计基础、纺织计算机辅助设计与分析等。

✤✤**专业知识**

专业知识包括专业基础知识和专业拓展知识。

专业基础知识由核心课程体系体现，包括揭示纤维及其集合体的组成结构、形态特征、性能演变及其规律的纺织材料学知识集，掌握涵盖整个纺织生产链和全生命周期调控的纺织工程学知识集，掌握兼顾科技和人文属性、艺术和功能统一的纺织类产品设计学知识集。

专业拓展知识根据各高校满足地区经济发展对人才知识结构的需求为目标，内容体现专业特色。

专业知识课程主要有：专业导论、纺纱学、非织造布、染整工艺学、针织学、织造学、织物结构学、纺织复合材料等。

✤✤**实践类知识**

除了上述知识和课程体系外，一般还设置各种实践环节，包括金工实习(或工程训练)、专业实验、电工电子实习、认识实习、生产实习、毕业实习、课程设计、毕业设计等。各种科技竞赛也属于综合性实践环节，学生通过参加这些竞赛不仅可以把所学知识融会贯通，还可以提高动手能力，培养创新意识、创新能力和团队协作精神。

以上介绍的知识结构和课程体系与大多数本科院校目前的实际情况基本上一致，但课程名称和授课内容会有些区别。"研究主导型"专业可能会多一些课程和内容，而"应用主导型"专业可能会少一些课程和内容，"研究应用型"专业则可能有增有减。无论哪种情况，纺织工程专业的基本内容和核心体系部分变动甚少。

随着工程教育产业认证理念不断在全国各学校纺织工程专业深入，对于培养目标、课程建设、毕业论文等还要与毕业要求相统一，纺织工程专业的毕业要求需要具备专业的工程知识、问题分析、设计/开发解决方案、研究、使用现代工具、工程与社会、环境和可持续发展、职业规范、个人和团队、沟通、项目管理、终身学习的 12 项能力，专业每 3 年或 6 年进行认证考核。

▶▶纺织工程专业的就业优势

纺织类学生在毕业后，大多数选择与行业相关的企业岗位就业。从早期的纺织人到现在的新纺织人，不管在哪个领域都展现了纺织人的优良传统和价值。纺织行业作为传统的支柱产业，在转型之后，对人才的需求大大提升，特别是高端人才，如设计研发等，造成纺织类院校毕业生供不应求。通过对大量相关专业毕业生的调查，纺织类毕业生遍布在大江南北各行各业。以18个类别的职业分类为基础，以教育部、人力资源和社会保障部提供的职位类别为标准，结合纺织业特色情况，大致将纺织行业相关的职业类别分为11个大类，每个职业类别下面又包含若干岗位。

▶▶用人单位对专业毕业生的评价

以东北一所获批国家一流学科建设高校中纺织工程专业毕业生的情况来说明纺织工程专业学生的培养。2018年，对毕业五年和毕业十年以上的校友以及用人单位进行调研。调查问卷分析报告显示，毕业五年左右的校友在纺织行业主要担任技术骨干和研发人员，其中12.50%对目前工作表示非常满意，43.75%对目前工作表示满意，43.75%对目前工作表示一般满意，没有人对目前工作不满意。毕业十年以上的校友43.75%在企业工作，23.68%在机关事业单位工作。大部分的用人单位反映毕业生在自己的工作领域具备丰富的专业知识，岗位胜任度高，能够灵活运用专业知识解决工作中所遇到的问题，在企业发展和技术创新领域起着重要作用，毕业生具备优良的职业素质、扎实的专业功底、训练有素的团队精神和创新意识，实践能力强，在推动行业发展中发挥了积极的作用。

人才培养与职业规划：纺织人的成长

纺织梦想：扬帆远航

天行健,君子以自强不息。

——《易经》

▶▶纺织类本科专业

➡➡纺织工程

培养具备纺织工程领域的知识、能力和素质,适应纺织学科与材料、信息、机电、环境、管理、艺术、贸易营销等学科融合发展的趋势,具有创新意识、实践能力和国际视野,并在纺织领域某一方面具有专长,能在纺织领域从事技术开发、纺织品和工艺设计、生产及经营管理、商务贸易和科学研究等方面工作的复合型工程技术人才。

➡➡服装设计与工程

培养具备服装设计、服装结构工艺及服装经营管理理论知识和实践能力，能从事服装生产和销售企业、服装研究单位、服装行业管理部门及新闻出版机构等从事服装产品开发、市场营销、经营管理、服装理论研究及宣传评论等方面工作的高级专门人才。

➡➡非织造材料与工程

非织造材料是通过塑料、合成纤维、造纸、纺织和制革等多学科交叉，以单纤维为主体原料成网以及摩擦、抱合或粘合加固制备的高孔隙率柔性结构材料，广泛应用于环境、能源、国防、医疗卫生、土木及水利工程筑等领域。本专业旨在培养能在非织造材料与产品研究及技术开发、工艺和装备设计、环境保护、国内外贸易、经营管理等方面从事应用开发和技术管理的应用型卓越人才。

➡➡丝绸设计与工程

以工程与艺术结合模式培养既具有纺织丝绸工程知识，又具有艺术修养、创新设计理论及实践能力的复合型丝绸产品创新设计人才，可以在纺织丝绸、服装服饰和家纺装饰等相关企事业单位、政府部门、时尚和文创产业就业或创业。

丝绸专业教育的知识范畴涉及纺织丝绸文化历史、纺织丝绸产品艺术设计、纺织丝绸产品工艺设计、纺织丝绸服装服饰和家纺装饰成品设计、纺织丝绸产品营销贸易等领域。

▶▶国外知名纺织专业高校

➡➡北卡罗来纳州立大学

北卡罗来纳州立大学成立于 1887 年,位于美国北卡罗来纳州罗利市,校园面积为 8.5 平方千米。其纺织学院有纺织服装技术与管理系、纺织工程、化学及科学系。下设五个本科专业:服装和纺织品管理、服装和纺织品设计、纺织科技、高分子和颜色化学、纺织工程。

➡➡内布拉斯加大学林肯分校

内布拉斯加大学林肯分校成立于 1869 年。内布拉斯加大学林肯分校由九个学院组成,提供 150 多门本科课程。其中,纺织工程课程包括纺织品、商品和时装设计/通信、纺织科学、纺织品和时装设计和商品推销等。

➡➡博尔顿大学

博尔顿大学前身为 1824 年成立的博尔顿机械研究所,2005 年正式更名为博尔顿大学,位于英国博尔顿。博尔顿大学开设工程、纺织产品设计专业和纺织专业。

➡➡曼彻斯特大学

曼彻斯特大学，1851 年创立于英国曼彻斯特。2020 泰晤士高等教育（THE）世界大学影响力排名中，该校高居全英第一，世界第八。曼彻斯特大学提供材料科学、工程、纺织技术、时尚管理和时装营销等课程。

➡➡利兹大学

利兹大学位于英国西约克郡利兹市，成立于 1904 年。其纺织工程专业提供的课程包括时装设计、时尚营销、时尚科技和纺织品设计等。

➡➡萨克逊大学

萨克逊大学坐落于荷兰东部，分为三个各具特色的校区。作为荷兰最大的高等教育机构之一，学校历史悠久，其历史可追溯到 1875 年。该大学提供多门纺织工程课程，时装和纺织技术是学生们最喜欢的课程之一。

➡➡德累斯顿工业大学

德累斯顿工业大学是德国最古老的大学之一，成立于 1828 年，位于德国萨克森州德累斯顿。德累斯顿工业大学分为 14 个学院，开设多门纺织工程课程，如纺织品、商品推销和时装设计，纺织工程纺织品，服装和纺织品，纺织品和服装技术、时装和纺织品设计。

➡➡德蒙福特大学

德蒙福特大学成立于 1870 年，位于英国莱斯特市。该大学提供丰富的纺织工程课程，可授予纺织设计荣誉学士学位、时装纺织设计荣誉学士学位和时装纺织品及配件荣誉学士学位。

➡➡拉夫堡大学

拉夫堡大学是位于英国拉夫堡的一所英国顶尖名校，是米德兰兹创新联盟成员。拉夫堡大学的历史可以追溯到 1909 年，后来发展为拉夫堡学院，1966 年晋升为大学，称为拉夫堡理工大学，1996 年更名为拉夫堡大学。拉夫堡大学开设纺织工程课程，该课程可以在 4 年（全日制）或 3 年（全日制）内完成。

➡➡赫瑞-瓦特大学

赫瑞-瓦特大学创办于 1821 年，位于苏格兰首府爱丁堡。学校开设许多纺织工程课程，包括色彩科学与技术、时装与纺织品设计、时装与纺织品管理、针织品和时尚等。

▶▶国内知名纺织专业高校

我国具有纺织科学与工程一级学科博士点授权单位的高校有东华大学、天津工业大学、苏州大学、江南大学、浙江理工大学、大连工业大学和青岛大学。

➡➡东华大学

东华大学自1951年建校以来，为我国纺织工业现代化做出了重要贡献。其纺织学院是具有雄厚学科基础并体现东华大学传统纺织特色的主体院系。纺织科学与工程学科于1981年成为国内首批本、硕、博三级学位授予学科，1986年被国家教委评为首批国家重点学科，1998年获一级学科博士学位授予权，2007年被评为一级学科国家重点学科。2017年9月入选国家"双一流"建设高校，纺织科学与工程获评A＋学科。

➡➡天津工业大学

天津工业大学是教育部与天津市共建、天津重点建设的全日制普通高等学校。天津工业大学纺织学科始建于1912年。学院拥有纺织科学与工程一级学科博士授予权和一级学科博士后流动站，是国家级重点学科。2017年纺织科学与工程学科入选国家"双一流"学科建设序列，在第四次全国学科评估中获得 A＋。学院现有纺织工程、轻化工程、非织造材料与工程、服装设计与工程4 个本科专业,均具有学士、硕士和博士三级授予权。

➡➡苏州大学

苏州大学纺织与服装工程学院拥有纺织科学与工程一级学科博士点,纺织工程、纺织材料与纺织品设计、纺织化学与染整工程、服装设计与工程、非织造材料与工程等 5 个二级博士点和硕士点,纺织工程领域工程硕士点 1 个以及纺织科学与工程博士后流动站。其中,纺织工程是国家重点学科,纺织科学与工程学科为江苏省一级重点学科,连续三次获批为江苏高校优势学科,学科综合实力位居全国第三、江苏第一。纺织工程专业为国家特色专业建设点、教育部卓越工程师教育培养计划专业、江苏省品牌专业,纺织类的 4 个专业均为江苏省重点专业。

➡➡江南大学

江南大学纺织科学与工程学院创建于 1952 年,是我国创办早、师资力量强、学术水平高的纺织高层次人才培养和科技创新的重要基地之一。纺织科学与工程学科 1986 年获批硕士学位授予权,2003 年获批博士学位授予权,2009 年获批博士后流动站,2010 年获批一级学科博士点。学院现有一级学科博士点 1 个、二级学科博士点 5 个；一级学科博士后流动站 1 个；一级学科硕士点 1 个，二级学科硕士点 5 个以及工程硕士点 1 个。

➡➡ 浙江理工大学

浙江理工大学纺织科学与工程学院是在创立于 1897 年的蚕学馆基础上发展起来的。学院下设纺织工程系、材料工程系、轻化工程系、设计与包装系等四个系。现有纺织工程博士授权点；纺织工程、纺织化学和染整工程、纺织材料与纺织品设计、材料学、材料加工工程、材料物理化学等 6 个硕士点；纺织工程、轻化工程、材料科学与工程、包装工程 4 个本科专业，其中纺织工程专业和轻化工程专业为浙江省重点专业。

➡➡ 大连工业大学

纺织与材料工程学院是大连工业大学办学特色鲜明、师资力量雄厚、设施条件优良的教学研究型学院。纺织与材料工程学院自 1958 年开始招收本科生，1979 年起招收硕士研究生，1986 年获硕士学位授予权，2006 年获一级学科硕士学位授予权，2013 年获纺织科学与工程一级学科博士学位授予权。学院现有纺织科学与工程一级学科博士学位授予点，纺织工程、纺织材料与纺织品设计、纺织化学与染整工程、服装设计与工程 4 个二级学科博士学位授权点，纺织科学与工程一级学科硕士点。学科经多年建设，先后入选辽宁省重点学科、辽宁省提升高等学校核心竞争力特色学科、辽宁省高等学校一流特色学科和辽宁省"双一流"学科。

➡➡青岛大学

青岛大学纺织服装学院源于山东纺织工学院，始于1950年4月由纺织工业部华东纺织管理局举办的青岛纺织技术训练班。现拥有山东省唯一的纺织一级学科博士点、硕士点。学院现有纺织科学与工程博士后流动站、1个一级学科博士点，1个一级学科硕士点，5个二级学科硕士点，3个工程领域专业学位硕士点。其中纺织工程、纺织化学与染整工程均为山东省"十二五"重点学科。现有纺织工程、服装设计与工程、轻化工程、服装与服饰设计、服装与服饰设计(服装表演方向)5个本科专业。

▶▶我国知名纺织企业

➡➡内蒙古鄂尔多斯投资控股集团有限公司

内蒙古鄂尔多斯投资控股集团有限公司创立于1979年，是中国民营100强企业。鄂尔多斯羊绒产业是产业链完善、工艺技术水平满足国际标准的羊绒纺织产业。该集团的科研基地——国家羊绒制品工程技术研究中心，是国家科技部验收通过的企业技术中心，该集团也是"国际羊绒驼绒制造商协会"的中国企业成员。此外，"鄂尔多斯"品牌连续多年位居由"世界品牌实验室"评选的"中国500最具价值品牌"榜前列。2020年，鄂尔多斯以1 036.75亿元人民币的品牌价值连续14年蝉联纺织服装行业榜首，位列品牌价值总榜第49名。

➡➡江苏阳光集团

江苏阳光集团是国家重点企业集团和国家重点扶持的行业排头兵，涉足毛纺、服装等产业，年产高档服装350万套、高档精纺呢绒3 500万米。2006年，阳光呢绒被评为"中国世界名牌"，2007年，国际标准化组织/纺织品技术委员会（ISO/TC 38）国际秘书处落户阳光集团，成为国内首家承担ISO/TC 38国际秘书处工作的企业。建立了以国家级博士后科研工作站、国家级企业技术中心、国家毛纺新材料工程技术研究中心、江苏省工业设计中心为主要支撑的"一站三中心"技术创新体系。目前，共承担56项国家科研项目的攻关，并致力于研发自主核心技术，申请专利2 108件，获授权专利1 065件，其中发明专利37件，主持参与51项国际、国家和行业标准的制定和修订。

➡➡鲁泰纺织股份有限公司

鲁泰纺织股份有限公司是目前全球高档色织面料生产商和国际一线品牌衬衫制造商，拥有从纺织、染整、制衣生产，直至品牌营销的完整产业链，是一家集研发设计、生产制造、营销服务于一体的产业链集成、综合创新型、国际化纺织服装企业。鲁泰纺织股份有限公司现拥有纱锭 70 万枚，线锭 10.2 万枚，具备年产色织面料 22 000 万米、印染面料 9 000 万米、衬衣 3 000 万件产能。公司先后获得"全国五一劳动奖状"、"中华慈善事业突出贡献奖"、"全国质量奖"、第三届"中国工业大奖"等荣誉称号。鲁泰纺织被认定为国家级工业设计中心、国家级企业技术中心、国家级实验室和高新技术企业。

➡➡山东魏桥创业集团有限公司

山东魏桥创业集团有限公司是一家拥有 12 个生产基地，集纺织、染整、服装、家纺、热电等产业于一体的特大型企业。自 2012 年起，连续 9 年入选"世界 500 强"，"魏桥"品牌连续 17 年入选"中国 500 最具价值品牌"排行榜。山东魏桥创业集团有限公司 1997 年被授予全国五一劳动奖状，1999 年被评为全国精神文明建设先进单位，2006 年被评为全国先进基层党组织，2010 年被评为全国模范职工之家，多次被评为全国纺织工业系统先进集体，2006 年被评为全国纺织和谐企业建设先进单位，2010 年被评为中国纺织十大品牌文化企业，2011 年被评为全国纺织工业两化融合示范企业，2013 年被评为全国纺织行业先进党建工作示范企业。

➡➡溢达集团

溢达集团于 1978 年创立,是一家纵向一体化纺织服装集团。其业务范围涵盖棉花种植、纺纱、织布、染整、制衣、辅料、包装和零售等,提供一站式衬衫服务,是目前全球最大的全棉衬衫制造及出口商。溢达集团的垂直一体化运作模式保证了服装生产过程的每一步骤均能达到最高质量。同时,溢达集团在纺织品和服装生产领域具有强大的新产品开发能力,创造了各种独特的织物整理技术,如免烫及纳米拒水、拒油技术系列,从而保持了溢达集团在制衣业的领先地位。溢达集团总部设在香港,在 11 个国家和地区拥有近 57 000 名员工。溢达集团的业务遍布世界各地,在中国、马来西亚、毛里求斯、斯里兰卡和越南等地均设有生产基地。

➡➡恒力集团

恒力纺织是全球最大的纺织生产基地之一,拥有超 4 万台生产设备,产能规模过 40 亿米/年,生产基地分布在江苏苏州、宿迁,四川泸州,贵州贵阳等地。恒力纺织自主研发能力强,多款面料获得国家专利,多项产品被评为中国流行面料,多家企业获纺织行业产品开发贡献奖、长丝织造行业科技创新奖。

参考文献

[1] 周启澄,程文红.纺织科技史导论[M].2 版.上海:东华大学出版社,2013.

[2] 赵翰生,行声远,田方.大众纺织技术史[M].济南:山东科学技术出版社,2015.

[3] 薛元.纺织导论[M].北京:化学工业出版社,2013.

[4] 王晓梅.纺织工艺设计[M].北京:中国纺织出版社,2016.

[5] 于伟东.纺织材料学[M].2 版.北京:中国纺织出版社,2018.

[6] 姚穆.纺织材料学[M].5 版.北京:中国纺织出版社,2020.

[7] 钟智丽.高端产业用纺织品[M].北京:中国纺织出版社,2018.

［8］　郁崇文.纺纱学［M］.2 版.北京：中国纺织出版社,2014.

［9］　王国和.织物组织与结构学［M］.2 版.上海：东华大学出版社,2018.

［10］　田琳.服用纺织品性能与应用［M］.北京：中国纺织出版社,2014.

［11］　朱苏康,高卫东.机织学［M］.2 版.北京：中国纺织出版社,2015.

［12］　孙颖,赵欣.针织学概论［M］.上海：东华大学出版社,2014.

［13］　蒋高明.针织学［M］.北京：中国纺织出版社,2012.

［14］　柯勤飞,靳向煜.非织造学［M］.3 版.上海：东华大学出版社,2016.

［15］　赵涛.染整工艺与原理（下册）［M］.2 版.北京：中国纺织出版社,2020.

［16］　沈从文.中国古代服饰研究［M］.北京：商务印书馆,2011.

［17］　艺术研究中心.中国服饰鉴赏［M］.北京：人民邮电出版社,2016.

［18］　王悦,张鹏.服装设计基础［M］.上海：东华大学出版社,2011.

"走进大学"丛书拟出版书目

什么是水利？	张　弛	大连理工大学建设工程学部部长、教授
		教育部"长江学者"特聘教授
		国家杰出青年科学基金获得者

什么是化学工程？

	贺高红	大连理工大学化工学院教授
		教育部"长江学者"特聘教授
		国家杰出青年科学基金获得者
	李祥村	大连理工大学化工学院副教授

什么是地质？	殷长春	吉林大学地球探测科学与技术学院教授（作序）
	曾　勇	中国矿业大学资源与地球科学学院教授
		首届国家级普通高校教学名师
	刘志新	中国矿业大学资源与地球科学学院副院长、教授

| 什么是矿业？ | 万志军 | 中国矿业大学矿业工程学院副院长、教授 |
| | | 入选教育部"新世纪优秀人才支持计划" |

什么是纺织？	伏广伟	中国纺织工程学会理事长（作序）
	郑来久	大连工业大学纺织与材料工程学院二级教授
		中国纺织学术带头人

什么是轻工？	石　碧	中国工程院院士
		四川大学轻纺与食品学院教授（作序）
	平清伟	大连工业大学轻工与化学工程学院教授

什么是交通运输？

| | 赵胜川 | 大连理工大学交通运输学院教授 |
| | | 日本东京大学工学部 Fellow |

什么是海洋工程？

	柳淑学	大连理工大学水利工程学院研究员
		入选教育部"新世纪优秀人才支持计划"
	李金宣	大连理工大学水利工程学院副教授

什么是航空航天？

	万志强	北京航空航天大学航空科学与工程学院副院长、教授
		北京市青年教学名师
	杨　超	北京航空航天大学航空科学与工程学院教授
		入选教育部"新世纪优秀人才支持计划"
		北京市教学名师

什么是环境科学与工程？

　　陈景文　大连理工大学环境学院教授
　　　　　　教育部"长江学者"特聘教授
　　　　　　国家杰出青年科学基金获得者

什么是生物医学工程？

　　万遂人　东南大学生物科学与医学工程学院教授
　　　　　　中国生物医学工程学会副理事长（作序）

　　邱天爽　大连理工大学生物医学工程学院教授
　　　　　　宝钢教育奖优秀教师奖获得者

　　刘　蓉　大连理工大学生物医学工程学院副教授

　　齐莉萍　大连理工大学生物医学工程学院副教授

什么是食品科学与工程？

　　朱蓓薇　中国工程院院士
　　　　　　大连工业大学食品学院教授

什么是建筑？　齐　康　中国科学院院士
　　　　　　东南大学建筑研究所所长、教授（作序）

　　唐　建　大连理工大学建筑与艺术学院院长、教授
　　　　　　国家一级注册建筑师

什么是生物工程？

　　贾凌云　大连理工大学生物工程学院院长、教授
　　　　　　入选教育部"新世纪优秀人才支持计划"

　　袁文杰　大连理工大学生物工程学院副院长、副教授

什么是农学？　陈温福　中国工程院院士
　　　　　　沈阳农业大学农学院教授（作序）

　　于海秋　沈阳农业大学农学院院长、教授

　　周宇飞　沈阳农业大学农学院副教授

　　徐正进　沈阳农业大学农学院教授

什么是医学？　任守双　哈尔滨医科大学马克思主义学院教授

什么是数学？　李海涛　山东师范大学数学与统计学院教授

　　赵国栋　山东师范大学数学与统计学院副教授

什么是物理学？孙　平　山东师范大学物理与电子科学学院教授

　　李　健　山东师范大学物理与电子科学学院教授

什么是化学？	陶胜洋	大连理工大学化工学院副院长、教授
	王玉超	大连理工大学化工学院副教授
	张利静	大连理工大学化工学院副教授
什么是力学？	郭　旭	大连理工大学工程力学系主任、教授
		教育部"长江学者"特聘教授
		国家杰出青年科学基金获得者
	杨迪雄	大连理工大学工程力学系教授
	郑勇刚	大连理工大学工程力学系副主任、教授
什么是心理学？	李　焰	清华大学学生心理发展指导中心主任、教授（主审）
	于　晶	辽宁师范大学教授
什么是哲学？	林德宏	南京大学哲学系教授
		南京大学人文社会科学荣誉资深教授
	刘　鹏	南京大学哲学系副主任、副教授
什么是经济学？	原毅军	大连理工大学经济管理学院教授
什么是社会学？	张建明	中国人民大学党委原常务副书记、教授（作序）
	陈劲松	中国人民大学社会与人口学院教授
	仲婧然	中国人民大学社会与人口学院博士研究生
	陈含章	中国人民大学社会与人口学院硕士研究生
		全国心理咨询师（三级）、全国人力资源师（三级）
什么是民族学？	南文渊	大连民族大学东北少数民族研究院教授
什么是教育学？	孙阳春	大连理工大学高等教育研究院教授
	林　杰	大连理工大学高等教育研究院副教授
什么是新闻传播学？		
	陈力丹	中国人民大学新闻学院荣誉一级教授
		中国社会科学院高级职称评定委员
	陈俊妮	中国民族大学新闻与传播学院副教授
什么是管理学？	齐丽云	大连理工大学经济管理学院副教授
	汪克夷	大连理工大学经济管理学院教授
什么是艺术学？	陈晓春	中国传媒大学艺术研究院教授